青少年自然科普丛书

人类探险

方国荣　主编

台海出版社

图书在版编目（CIP）数据

人类探险 / 方国荣主编. —北京：台海出版社，

2013. 7

（大自然科普丛书）

ISBN 978-7-5168-0198-7

Ⅰ. ①人…Ⅲ. ①方…Ⅲ. ①探险—世界—青年读物

②探险—世界—少年读物 Ⅳ. ①N81-49

中国版本图书馆CIP数据核字（2013）第130466号

人类探险

主　　编：方国荣

责任编辑：戴　晨
装帧设计：视界创意　　　版式设计：钟雪亮
责任校对：李艳芬　　　　责任印制：蔡　旭

出版发行：台海出版社
地　　址：北京市朝阳区劲松南路1号，　　邮政编码：100021
电　　话：010－64041652（发行，邮购）
传　　真：010－84045799（总编室）
网　　址：www.taimeng.org.cn/thcbs/default.htm
E－m a i l：thcbs@126.com

经　　销：全国各地新华书店
印　　刷：北京一鑫印务有限公司
本书如有破损、缺页、装订错误，请与本社联系调换

开　　本：710×1000　　1/16
字　　数：151千字　　　　　印　　张：11
版　　次：2013年7月第1版　　印　　次：2021年6月第3次印刷
书　　号：ISBN 978-7-5168-0198-7

定价：28.00元

目录 MU LU

我们只有一个地球

方国荣

巨人安泰是古希腊神话中一个战无不胜的英雄，他是人类征服自然的力量象征。

然而，作为海神波塞冬和地神盖娅的儿子，安泰战无不胜的秘诀在于：只要他不离开大地——母亲，他就能汲取无尽的能量而所向无敌。

安泰的秘密被另一位英雄赫拉克勒斯察觉了。赫拉克勒斯将他举离地面时，安泰失去了母亲的庇护，立刻变得软弱无力，最终走向失败和灭亡。

安泰是人类的象征，地球是母亲的象征。人类离不开地球，就如鱼儿离不开水一样。

人类所生存的地球，是由土地、空气、水、动植物和微生物组成的自然世界。这个世界比人类出现要早几十亿年，人类后来成为其中的一个组成部分；并通过文明进程征服了自然世界，成为自然的主人。

近代工业化创造了人类的高度物质文明。然而，安泰的悲剧又出现了：工业污染，动物濒灭，森林砍伐，水土流失，人口倍增，资源贫竭，粮食危机……地球母亲不堪重负，人类的生存环境遭到人类自身严重的破坏。

人类曾努力依靠文明来摆脱对地球母亲的依赖。人造卫星、航天飞机上天，使向月亮和其他星球"移民"成为可能；对宇宙的探索和征服使人类能够寻找除地球以外的生存空间，几千年的神话开始走向现实。

然而，对于广袤无际的宇宙和大自然来说，智慧的人类家族仍然是幼稚的——人类五千年的文明成果对宇宙时空来说只是沧海一粟。任何成功的旅程都始于足下——人类仍然无法脱离大地母亲的庇护。

美国科学家通过"生物圈二号"的实验企图建立起一个模拟地球生态的人工生物圈，使脱离地球后的人类能到宇宙中去生存。然而，美好理想失败了，就目前的人类科技而言，地球生物圈无法人工再造。

英雄失败后最大的收获是"反思"。舍近求远不是唯一的出路，我们何不珍惜我们现在的生存空间，爱我地球、爱我母亲、爱我大自然，使她变得更美丽呢？

这使人类更清晰地认识到：人类虽然主宰着地球，同时更依赖着地球与地球万物的共存；如果人类破坏了大自然的生态平衡，将会受到大自然的惩罚。

青少年是明天的主人、世界的主人，21世纪是科学、文明、人与自然取得和谐平衡的世纪。保护自然、保护环境、保护人类家园是每个青少年义不容辞的职责。

"青少年自然科普丛书"是一套引人入胜的自然百科和环境保护读物，融知识性和趣味性于一炉。你将随着这套丛书遨游太空和地球，遨游海洋和山川，遨游动物天地和植物世界；大至无际的天体，小至微观的细菌——使你从中学到丰富的自然常识、生态环境知识；使你了解人与自然的关系，建立起环境保护的意识，从而激发起你对大自然、对人类本身的进一步关心。

◎ 了解地球 ◎

可以这么说，人类文明史的许多壮美篇章，就是千千万万个探索者用脚写出来的！

为了了解地球，了解人类在自然界的位置，他们走遍了地球的每一个角落，并为之付出了沉重的代价，甚至生命……

郑和航海探险

明成祖在位时，我国的航海业在世界上是比较发达的。明成祖盘算，如果派人到海外去传扬我大明朝的国威，同洋人做点儿生意，不是一举两得吗？于是他决定派一个船队出使西洋各国。

明成祖把出使西洋的任务交给了郑和，郑和于1405年7月，带着一支船队出发了。船队共60艘大船，船长44丈四尺合146米，宽18丈合60米，在当时世界上也少有这样的船。船上共有水手、技术人员、翻译、医生等27800多人。船队从苏州刘家河（今江苏太仓浏河）出发，经福建入海，浩浩荡荡，一路向南，扬帆而去。

郑和船队，经台湾海峡，过南海首先到达占城（今越南南部），以后又到爪哇、旧港（在今印度尼西亚苏门答腊岛东南岸）、苏门答腊、满剌加、古里、锡兰等国家。他带着许多珠宝金银，每到一个国家，先把明成祖的信递交给国王，然后赠送礼物，希望他们同大明朝进行友好往来。这些国家见郑和船队人那么多，船那么大，又看他们对自己热情友好，并不是来威吓掠夺的，所以，郑和到处受到热情接待。郑和这次出使，直到第三年9月才回来。郑和回国的时候，各国国王也都纷纷派出使臣，还带着礼物，跟他一道到大明朝来回访。郑和船队在出使西洋的航程中，多次遇到狂风巨浪，由于多数水手经验丰富，总算一路平安。经过旧港的时候，却遇到一件麻烦事。

旧港这个地方海盗出没，最不安全。海盗的总头子叫陈祖义，占据着一个海岛，招罗一帮海盗在这里占岛为王，专门抢劫过往商船的财物。他听说郑和的船队要打这里经过，船上有大批金银财宝，高兴得手舞足蹈，他同伙计们商量了一个策略，待郑和船队一到，表面上去迎接，瞅准机会，趁郑和不防的时候，一起动手，发动抢劫。

不料，陈祖义的这个诡计，走漏了风声，被当地人施进卿知道了，就派人暗地里向郑和告了密。郑和哪里把几个小海盗放在眼里，凭着船上两万兵士，也把海盗给压倒了，心想一定要利用这次机会，狠狠教训一下那些胡作非为的海盗。

等到夜深人静的时候，海上没有一点风浪，陈祖义带着海盗乘坐十条小船驶向港口，想趁郑和不备发动突然袭击。其实，陈祖义的行动早在郑和监视之中，待陈祖义等人进了包围圈之后，郑和才命令攻击。只听郑和的座船上轰隆一声炮响，本来散开的船，很快围拢过来，把陈祖义的海盗船团团围住。郑和船上兵多势众，而且早有了准备，海盗等于笼中之鸟，败得一塌糊涂，陈祖义想逃无路，只得乖乖当了俘虏。郑和命人把陈祖义捆绑起来，押回中国。

到了京城，郑和把陈祖义交给明成祖处置。各国使臣拜见了明成祖，送上礼物，要求友好往来。明成祖接见郑和时，夸奖他出色地完成了出使任务，高兴得不得了。

与外国交往，一方面能提高明朝的威望，另一方面，又可以同外国做做生意，很有好处。因此，明成祖认为继续同外国交往很有必要，接着一次又一次派郑和出使西洋，郑和前后一共出使西洋七次，历史上称为"郑和七次下西洋"。共与30多个国家结成友好往来，最后一次，也是最远一次，到达非洲的木骨都束（今索马里），为我国的航海事业和对外友好往来开创了新纪元。

在郑和第六次出使归来的时候，明成祖得病死了，他的儿子朱高炽即位，就是明仁宗，不到一年也死了，继承皇位的是八九岁的孩子明宣宗朱瞻基，祖母徐太后和三个大臣辅政。大臣们认为，郑和七次下西洋，花费太大，国家承担不起。于是出使的事情就中断了，航海事业也就此停止。

郑和的船队远洋探险，早于葡萄牙航海家麦哲伦环球探险100多年，早于哥伦布发现美洲新大陆好多年。

探险旅行家徐霞客

徐霞客名叫徐弘祖，别号霞客，江阴（今江苏江阴）人，是我国明代地理学家、探险旅行家。

他从小在私塾里读书的时候，就喜欢读地理、历史一类的书籍。老师总是看着学生读儒家经书，徐霞客却趁老师不注意时，把地理书放在经书下面偷看，看到精彩的地方，不觉眉飞色舞。

当时明朝朝廷腐败，民不聊生。徐霞客对此十分不满，他不愿应朝廷科举考试，也不谋求做官，决心游历祖国的名山大川，探索大自然的奥秘。但一想到母亲年迈，没有人照顾，也就把这事搁在了一边。

毕竟是母亲最了解自己的儿子，她早看出了儿子的心思，就教导儿子说："好男儿志在四方，哪能为了照顾我就留在家里呢？那就像篱笆下的小鸡、马圈里的小马一样，是没有出息的!"

母亲这样体谅和支持，他当然更加坚定了远游的决心。

母亲为他准备了行装，还为他缝制了一顶远游冠。徐霞客22岁的时候，正式离开家乡，到大自然中游历去了。

这一次，他游历了许多名山大川，如太湖、洞庭山、天台山、雁荡山、泰山、武夷山、五台山和恒山等。每游历一阵就要回来探望一次老母亲。

每次游历回来，总要跟亲友乡亲谈他的远游历程，各地奇特的风俗和他游历中经常遇到的险情、奇景。有时说到惊险处，大家都被吓得直伸舌头，母亲却在一旁听得津津有味，不断地夸奖他，鼓励他。

后来，老母亲去世了，徐霞客就更集中精力来从事他的考察事业了。

到了50岁的时候，他又进行了一次长途游历，他用了整整4年时间，遍游了湖南、广西、贵州、云南四省的山山水水，一直到达边境腾冲。

他冒着严寒酷暑，跋山涉水，到过许多人迹罕至的地方，其中的艰辛和险情是可想而知的。但他攀登悬崖峭壁，考察奇峰异洞，从不停歇。

有一次，他到达云南腾越南香甸，经过一座突兀高耸的山峰，发现悬崖壁上有一个岩洞，看来是没有人上去过的。他冒着生命的危险，像壁虎一样，贴着悬崖边，一步一步爬了上去，对洞内进行了一番考察研究。

还有一次，他到了湖南茶陵，听当地老百姓说山上有个麻叶洞，洞里有神龙妖精会吃人，只有懂法术，能够降妖捉怪的人才能进洞，其他常人进去了，就不会再出来。徐霞客听了不相信，他出了高价从当地雇了一个人给他做向导，他要进洞考察去。

刚刚来到洞口，还没进洞，向导问他是不是能够降妖捉怪，徐霞客笑着说："我哪里会那一套，这洞里不会有什么妖怪的。我是读书人，从来就不相信有什么妖怪。"

向导听了，吓得要往回跑，直摆手说："我不干，我还以为你是个法师呢，原来你是个读书人，我才不跟你进洞送死哩！"

徐霞客没有退缩，他毫不犹豫地点上火把进洞了。村里的老百姓听说有人敢进洞去，认为一定是脑袋瓜子有毛病，都跑到洞口来看热闹。

徐霞客在洞里考察了很久，一直到火把快烧没有了才出来。拥在洞口看热闹的老百姓看到他安全地出来了，一个个都惊呆了，好奇地说："我们等了很久，以为你一定被妖精吃了哩！"

大家亲眼见到徐霞客从洞口进去，又安全地出来，这才相信，洞里根本没有妖精。

徐霞客远游南方时，除了一个仆人，还有一个法号静闻的和尚，同他做伴。

一天，在湘江乘船时，强盗抢走了他们所有的行李财物，静闻和尚同强盗搏斗受了重伤，半路上就死去了。

最后，连仆人也逃走了。这些挫折都没有削弱徐霞客的意志，他还是坚定地向前探索考察。

徐霞客"走遍天下"的旅行、考察、探索整整花了30多年的时间，从22岁出游以后，吃尽了常人难以想象的千辛万苦。他在旅途中，每天晚上休息之前，都要把当天的见闻都详细记录下来，不论在什么恶劣的环境中，他都坚持写日记。

徐霞客55岁那年，即1641年，一病不起，与世长辞了。他留下大量的日记手稿，都没来得及整理成卷。

到清兵入关以后，他的家乡同样遭到劫难，这些手稿大部分都散失了。

过了一百多年后，他的后裔才将他残存的1070天的日记编刻成书，这就是著名的《徐霞客游记》。

经过徐霞客的实地考察，纠正了过去地理书上的错误记载，增加了许多过去没有人记载过的新的地理图。

过去人们一直认为长江的上游就是岷江，徐霞客是第一个弄清楚长江的上游是金沙江的。游历中，他考察研究最多的是岩溶现象，他是世界上最早系统考察和记述石灰岩溶蚀地貌的人。

他的著作《徐霞客游记》不仅是一部古代地理学上的宝贵文献，也是一部优秀的散文著作。

李时珍实地考察撰《本草纲目》

　　李时珍，字东璧，号濒湖，于明代正德十三年（1518年）诞生在湖北蕲州（今湖北省蕲春县）瓦硝坝一个医学世家。他的祖父和父亲都是当地的著名医生，一生都在为贫苦百姓治病、诊病。

　　李时珍从小受家庭医道的熏陶，儿时就已识得不少草药。并常常同小伙伴们上山采药，时间一长，对各种草药的名称、采摘、炮制方法及其作用、疗效等都熟记在心，这为他日后行医和撰写《本草纲目》起到了很大的作用。

　　在封建社会，民间医生的地位极低，上流社会根本看不起医生这一行业，因而不会重视。父亲也曾希望李时珍读书应科举考试，走上仕途，从而光耀门第。其实，李时珍真正的兴趣仍旧在医药上。但父命不可违抗，他14岁考上秀才，后来连续三次（三年一次）参加举人考试都落榜了。但李时珍并不灰心，一心苦研医道和药方，立志做个好医生，为百姓们治病造福。

　　第三次乡试落榜后，李时珍就正式随父亲学习医道了。这一年，正赶上家乡闹水灾，灾后疫病流行，李时珍父子日夜奔忙，救治百姓。

　　李时珍一边行医，一边钻研医术，他阅读了大量的医学书籍，从中汲取营养，并验证前人药学理论上的是非。一次，乡里一个医生不慎把一个病人治死了。他帮着查找原因，发觉是药物书籍上出现的谬误导致的。这件事对他触动极大。他过去在阅读医书时，就曾经发现过一些不足和缺陷，这次病人死亡，使他的民本思想和人道主义念头更加迫切了：必须重新写一本完整、详细、全面的《本草纲目》，从而造福人类，造福子子孙孙。

李时珍对自己的《本草纲目》定下了严格的要求：一方面将原先错误的、不科学的记载更正；另一方面将实践中的新发现、新经验充实进去，更有效地治疗各种疾病。

李时珍首先把历代的药物著作，千方百计地弄到手，逐字逐条地精研细读，然后对药物开展实际考察，他对所有的药物尽量做到"一一采视"，甚至对一些有毒的药物亲自尝试。

有一次，他误尝了一种毒草，差点丧失了性命。李时珍就是如此，为了纠正一个个谬误和不足，得出科学和正确的论断，甚至敢和封建王朝分庭抗礼。

明朝世宗年间，皇帝在位时，不关心国事，整天尽情享乐，可又怕将来老死，找来一帮巫术道士，忙于做道场，炼金丹。当时，正在京城太医院任医官的李时珍，对这一套十分反感，没多久，便愤而辞官还乡，为民治病去了。

还有一次，李时珍在武当山，听说山上出产一种叫"榔梅"的"仙果"，吃了可以使人返老还童。宫廷贵族都当成宝贝，而禁止百姓采摘。李时珍不信会有那么大功效的"仙果"。为了弄个明白，他冒着生命危险，攀登绝壁，采回一些果子。经研究后发现，这哪是什么仙果，只是样子与梅子相似、能止渴生津的一种水果罢了。他后来把"榔梅果"也写进了《本草纲目》，告诉人们并不存在什么"仙果"和"长生不老"之说。为此，达官贵人视《本草纲目》为"犯上"邪说之书，拒绝帮助他出版此书。

在写《本草纲目》的过程中，李时珍率弟子们走南闯北，行程万里。但为了验证某个药物的疗效，他必定亲自查验，绝不马虎。他家乡蕲州的白花蛇能治疗多种疾病，而旧药物书上却没有记载，李时珍要全面考查这种蛇。为此，他和蛇贩子、捕蛇人交朋结友。后来听说市面上的白花蛇大都是从江南山中捕来的，并不是蕲州的那种剧毒的"五步蛇"。听说九峰山上正宗的"白花蛇"，走如飞，牙似剑，锐利而剧毒，咬着人，必须立即截肢，否则必定丧命。

困难吓不倒有志者。李时珍背着干粮，默默地攀登九峰山。路餐夜宿，经过几天几夜，在当地捕蛇人的帮助下，终于捕到了许多活的白花蛇，他带回细心研究，从而把此蛇的药效，准确地记录在《本草纲目》里。

一代药王李时珍，历时近30年，年愈60岁写出了这部洋洋200万字的巨著《本草纲目》，共记载了1890多种药物，附药方11000多个，图1100多幅。为写这本书，李时珍笔录材料达1000万字以上，其间进行过三次重大改动，小的修改不计其数，70多岁的李时珍逝世前仍在精心修改。这部书，成为我国乃至世界医药学、生物学方面珍贵的科学著作。

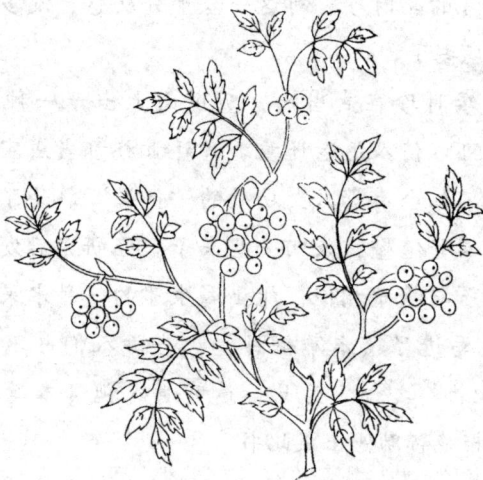

麦哲伦环球探险

　　1519年9月20日，麦哲伦率领由5艘船只、265名船员组成的探险船队从塞维利亚出发，航行历时1080天，航行85700公里。他们发现了沟通大西洋与太平洋的海峡，征服了太平洋、印度洋、大西洋。这次航行是人类历史上首次环球航行，这次壮举第一次证明了地球确实是个球体。

　　1480年，麦哲伦生于"航海国家"葡萄牙南部一个小城。麦哲伦的童年时代正是葡萄牙利用海上贸易拼命向海外扩张，使这个沿海小国在几年内变成世界经济强国的时代。到东方探险与淘金，成为当时葡萄牙国内的一股潮流。麦哲伦从小就立志参加航海与探险，去东方获得财富和名望。

　　1505年3月，麦哲伦随一支葡萄牙武装舰队远征东方。没料到几年的浴血奋战，除了身上留下的几处伤疤外，金钱、名望、地位他一样也没得到，只好灰溜溜地回到葡萄牙。1515年，麦哲伦在备受挫折、冷遇之后，愤然离开首都里斯本，移居奥波尔托。

　　麦哲伦并没有放弃从事探险活动的计划，他在寻找着机会。麦哲伦常去找那些远航归来的船长和水手交谈，他还常去国王的秘密档案库，研究海图、航海日志等资料。麦哲伦听说东方有一个富饶的"香料群岛"。在那里很容易成为百万富翁。一位探险家告诉他说："南美洲的西岸发现了一个被称为'大南海'的海域。"麦哲伦觉得：只要设法找到联结大西洋与"大南海"的海峡，就可以绕过美洲大陆，到达东方的"香料群岛"。

　　麦哲伦抱着极大的期望去见葡萄牙国王。恳求国王组建一支探险船队，由他率领去开辟一条到达东方的新航路。由于国王相信关于"地球是方的，大海通向世界的边缘"这样一种人类数千年的古老传说，不愿花很多钱去进行这种冒险，断然地拒绝了麦哲伦的请求。

受到冷遇的麦哲伦带着自己的探险计划，前往当时的另一个海上强国西班牙。1518年3月，西班牙国王接见了麦哲伦。麦哲伦向国王详细讲述了他在东方的见闻，和他所了解的"香料群岛"的情况。麦哲伦拿出一个地球仪，告诉国王一直向西航行可以找到通往"香料群岛"的最短的航路。当时，葡萄牙和西班牙争夺海外殖民地的斗争很激烈。西班牙国王为了把"香料群岛"这块肥肉抢到手，立即批准了麦哲伦的计划，并授予麦哲伦海军上将的军衔。

经过几个月的奔忙，麦哲伦购到"圣安东尼奥"号、"特里尼达"号（麦哲伦船队的旗舰）、"康塞普逊"号、"维多利亚"号和"圣地亚哥"号共5艘船，由于航途茫茫，不知要在海上漂泊多久，所以麦哲伦在船上储备了足够吃两年的食物和淡水。他还带了大量的西方廉价的工艺品，他知道用这些东西可以在东方换到国王需要的香料和黄金。

1519年9月20日，麦哲伦率领由5艘船只，265名船员组成的探险船队，开始了人类历史上第一次环球航行。当年11月底，麦哲伦船队渡过大西洋，到达南美的巴西海岸。麦哲伦命令船队继续向南行驶，寻找通往"大南海"的海峡，以便渡过大海，前往"香料群岛"。

几个月过去了，他们仍然没有发现海峡。这时，南半球的隆冬将至，风浪也愈来愈大。3月底，船队发现了一个平静的港湾，麦哲伦决定在这里过冬，他把这儿称作"圣胡利安"港。这一带十分荒凉，寒风凛冽，找不到可以充饥的食物。由于粮食不足，有些船员产生了不满情绪。这时，混进船队的葡萄牙奸细乘机煽动船员闹事，发动了一场武装叛乱。麦哲伦以武力解决了这次叛乱事件。

当年8月24日，麦哲伦船队继续向南航行。不幸，"圣地亚哥"号在一次探航中沉没，船队只剩4条船了。

10月21日，担任探航任务的"圣安东尼奥"号和"康塞普逊"号发现了一个水流湍急的"凹口"。他们驶入"凹口"深处，发现一路都是咸水。这将证明很可能已经找到了通向"大南海"的海峡。麦哲伦立即率领船队驶入海峡，在港湾交错、迂回曲折的水道中寻找另一头的出海口。船队在海峡里航行了许多天，仍然不见尽头。"圣安东尼奥"号的一些船员在主舵手哥米什的煽动下，调转船头，逃回西班牙去了。这条船带走了大部分食品和淡水，船队剩下的粮草就越来越少了。但麦哲伦率领其余的3艘船坚定地继续向西航行，终于在11月28日胜利通过这长达310英里的海峡，驶进浩瀚的"大南海"。

船队继续向西北方向航行，一路风平浪静。所以麦哲伦把"大南海"称作"太平洋"，这个名字沿用至今。不久。饥饿开始威胁这支远航探险的船队。他们先是吃饼干，饼干吃完后，只好吃长满蛆虫，发出鼠尿臭的饼干屑。他们喝的是变质发臭的腐水。到后来，这些东西也难找到了。有的人就把包帆索的牛皮撕下来，这些牛皮坚硬如石，要放在海水里浸四五天，然后在炭火上烘烤后，才能吃下肚。还有人就在船上找锯末吃。如果有谁在船舱里捉到一只老鼠，可以向别人换一块金币，有时甚至这样的高价也买不到哩。

由于长期缺乏新鲜食物，许多船员得了坏血病。这种病使牙龈发黑肿胀，牙齿脱落，骨节无力，使人难以站立，后来有19名船员得了坏血病死了。麦哲伦对船员们十分关心，每天早晨他都要拖着虚弱的身体护理从昨夜幸存下来的病人。许多体弱不支的船员，望着无边无际的大海，对前途失去信心。一天，在研究航向的例行会议上，有人提议返回西班牙，麦哲伦坚定地说："即使船上的牛皮统统吃光了，也要前进！"

1521年1月24日，疲惫的船员们终于看到远方有一块陆地，所有人都高兴得欢呼起来。可是，待到驶近一看，却大失所望，原来这是一个环状的珊瑚小岛，岛上一片荒凉，什么也没有。人们想在这里补充给养的希望破灭了，只能带着失望的心情离去。这样的情况，他们还遇到好几次。

3月初，船上最后一点牛皮也吃光了，甲板上躺满了奄奄一息的船员，只有几个身体特别棒的水手，仍坚持着值班。他们多么盼望能早一点看到有人烟的陆地啊！3月6日清晨，在主桅上值班的水手发出震耳欲聋的喊声："看到陆地了！看到陆地了！"人们希望这不会再是一个荒岛，他们使出最后一点力气，拼命把船向那片陆地驶去。不久，他们就看清这是个有人居住的岛屿。船员们摇摇晃晃地登陆后，终于吃到了很久没有吃到过的烤猪肉、鸡肉、米饭和水果。

岛上的新鲜水果拯救了患坏血病的船员的生命。在岛上稍稍休整后，船队又向西航行。在以后的航行中，他们经常能看到一些海岛，麦哲伦的仆人亨利用马来语竟能与岛上的土著人交谈。麦哲伦这才明白，由于船队在太平洋的航向偏北，他们早已超过预定目标——香料群岛，而意外地到达菲律宾群岛。麦哲伦用小刀、镜子一类的小玩意儿，与当地居民不等价地交换了不少黄金、珠宝。

4月7日，麦哲伦船队到达宿雾岛。当地土王胡马波纳殷勤地接待麦哲伦一行，想利用这些装备精良的欧洲人去对付他的仇敌。麦哲伦作为一个殖民主义者正好利用土著各部落的矛盾进行掠夺和征服活动。4月26日晚，麦哲伦带领60名武装人员在土王胡马波纳的仇敌马克坦岛的土王西拉布拉布的领地登陆。与马克坦岛上的居民发生了一场激战。麦哲伦属下的火枪手与埋伏在岸边丛林里手持弓箭和标枪的土著们展开了一场"文明"与落后的较量。

麦哲伦见强攻不下，只得命令部下撤退，而当地人却紧追不放。麦哲伦急于解围，便派了几个人去烧当地人的房屋，以扰乱人心。不料当地人见到自己的房子被烧了，急红了眼，更加愤怒地向麦哲伦他们冲击。这时，土著人已看出麦哲伦是领头的，他们采取"擒贼先擒王"的战术，集中力量向麦哲伦进攻，好几次把他的头盔打落下来。由于岸边礁石多，小艇无法靠岸，麦哲伦等人只好在没膝深的水中应战。战斗进行一个多小时后，麦哲伦等人抵挡不住土著居民的猛烈进攻，节节败退。这时，左腿、右臂都受了伤的麦哲伦，头部又受了伤。麦哲伦倒下了。无数标枪向他投来……

这位在人类航海史作出杰出贡献的探险家、航海家，终于因为他的殖民主义行为而倒在异国的丛林里，土著居民为了保卫自己的家园，并不会，也不可能意识到麦哲伦环球航行的世界意义。

麦哲伦死后，剩下的114名船员烧掉了破烂不堪的"康塞普逊"号，分乘"特里尼达"号和"维多利亚"号逃离宿雾岛。由于失去了麦哲伦的指挥，两艘船漫无目的地在海上漂泊。六个月后，他们意外发现了"香料群岛"，他们在那里采买了大量香料。

由于"特里尼达"号亟需修理，"维多利亚"号于1521年12月21日先期踏上了归程。

1522年9月6日，"维多利亚"号历尽艰辛，终于驶入出发地西班牙，登岸者仅仅18人。

无畏的火山口探险者

自古以来，火山爆发是最令人恐惧的自然灾害。

火山爆发虽然可怕，但人们并没有被它吓倒，许多勇敢的科学家，冒着生命危险，去探索火山爆发的奥秘，比利时的哈伦·塔齐耶夫就是其中的一位。

1976年的夏天，在加勒比海东部的群岛中，有一个风景如画的小岛——瓜得罗普岛，岛上自然资源十分丰富，很适宜发展各种种植业和旅游业。但在这一年，小岛却被一阵乌云笼罩着，岛上的苏弗里埃尔火山连日来频频喷发，严重威胁着岛上7万多居民的生命安全。一些火山专家认为，火山总爆发迫在眉睫，必须在6星期内撤走全部居民。一时间，岛上居民人心惶惶，拿不定主意是撤还是该留。

就在大家犹豫不决时，火山专家哈伦·塔齐耶夫来了，他曾从事火山探险40多年，在这方面积累了丰富的经验。以他为首的专家小组提出，苏弗里埃尔火山的内部结构与千岛群岛、印度尼西亚群岛上的许多火山构造相似，近期内每隔10分钟一次的小爆发，是由于地下水被加热。产生高压蒸气冲出来而引起的，因此不会发生灾难性的火山总爆发。

但以上仅仅是推测，它事关几万人的生命财产，必须有足够的证据才行。为此，塔齐耶夫决定亲临火山口，去查看岩石变化的情况。许多专家劝他打消这个大胆的念头。因为在频繁喷发的火山口，进行这样的勘察十分危险，但塔齐耶夫坚持要冒这个险，他说："在远处观察岩石的颜色，或者仅依靠自动记录仪进行遥控分析，无法获得最可靠、最直接的资料，只有进入到喷发口最近距离处，才能准确、细致地分析火山活动的规律。"

1976年8月30日清晨，塔齐耶夫一行9人，戴上安全头盔和防火眼镜，穿着特制的防火衣出发了。在这段充满危险的道路上，他们一步三望，小心翼翼，经过几小时的攀登，终于爬到海拔1467米的火山口附近。

就在这时，塔齐耶夫发现两位化学家掉队了，更糟糕的是，火山口突然冒出一股可怕的透明气体，它缓缓穿过云层，气流逐渐变宽，并变换成黑色，紧接着，岩浆像钢水般沸腾起来，好几处窜起几十米高的"喷泉"，接二连三的爆炸声震耳欲聋，团团黑烟拔地而起。塔齐耶夫意识到，他们遇上了火山喷发。无数岩石碎块雨点般地抛落在他们身上，崩碎的大石块好似冰雹迎头砸来，情况十分危急，必须找个暂时安身的地方。

在这阵慌乱中，探险队又有两个人失踪了，塔齐耶夫和其余几个紧缩一团，躲进了泥沼地。

泥沼地并不是安全地带，岩石碎片还是不停地从空中落下来，有两块砸在塔齐耶夫的头盔上，震得他眼冒金星，险些昏过去。

塔齐耶夫抬起手腕，抹去手表面上发烫的粘土。看见现在正是10点35分。时间几秒几分地过去，火山仍不停地喷发着，塔齐耶夫周围积满了岩石，这样的岩石哪怕是一小块也会令人丧命，塔齐耶夫意识到，死神随时可能降临。看着4个同伴狼狈地趴在地上，塔齐耶夫感到一阵内疚，是自己把他们引入烈火和死亡的境地，但现在，无论怎样自我责备都变得毫无意义。唯一的希望就是早点脱离险境。

火山的"轰击"依然在继续，岩浆喷溢的速度快得惊人，每小时达80千米。在他们周围，每分钟都要落下30-40块岩石。火山吼叫得更尖厉了，就在这时，一道炽热的熔岩从塔齐耶夫身边流过，热浪炙得他透不过气来。塔齐耶夫下意识地向后移动一下，但最后还是鼓足勇气，冒着生命危险，伸出特种耐高温合金做成的探棒，蘸取了少量熔岩样品。当探棒接触熔岩的一瞬间，探棒上的温度计立即显示出岩浆温度是1250℃。

不久，流出的岩浆渐渐变成了黑褐色。探险者们趁着火山轰鸣的间隙，赶紧取出电脑分析仪，分析岩浆中的各种成分。岩浆中含二氧化硅较少，含钙和镁较多，这表示熔岩主要由辉长岩和玄武岩组成。除此以外，他们还收集了硫化物、氯化物和其他一些气体样品，经过分析，塔齐耶夫发现这些气体的浓度比原先估计的要低，以上一系列数据，使这位火山专家深信，苏弗里埃尔火山不具备总爆发的条件。

"轰击"又开始了，塔齐耶夫竭力控制住自己的情绪，镇定地趴在发烫的地面上。就在这时，一块滚烫的碎石砸向他的膝盖，一阵钻心的痛楚之后，他感到双脚麻木。全身产生一阵阵抽搐。塔齐耶夫下意识地伸了伸腿，发现自己的脚还能动弹，于是他抚摸着膝头，抹去干硬的泥痂，暗自庆幸没有骨折。

他紧贴着地面，默默地等待着火山喷射的结束。喷射持续了8分多钟，塔齐耶夫根据以往的经验，凡是火山大爆发的高峰时间极短，往往只有几秒钟，甚至还不到1秒，但喷射出的岩浆碎石数量却极大。可现在，岩浆溢出火山口过了2分钟才到达高峰，这使塔齐耶夫更坚定了自己的看法：在近期内，苏弗里埃尔火山不会产生可怕的大爆发。

正当塔齐耶夫在认真思索时，又产生了一次岩浆喷射，一块10千克重的大石块落在他胸前，严重擦伤了他的右肋。他感到伤口火辣辣的，鲜血直往外流，最后终于晕倒在血泊之中。

头盔上又响起了落石声，岩浆喷发时发出的怒吼声，猛烈强劲的风啸声，各种声音交织在一起，让人不寒而栗。又过了十几分钟，隆隆的喷发声终于停止了，一时间，周围喧嚣的世界，一下子变得寂静无声，静得连一根针落地也能听见。身负重伤的塔齐耶夫居然奇迹般地苏醒过来。他和同伴们拖着伤痕累累的躯体，缓缓向山下转移。他们互相搀扶着，忍着伤痛，深一脚浅一脚地走下山来。临走时，塔齐耶夫还不忘记抓几块刚冷却的熔岩标本，塞入身边的耐火袋中。这时，一架直升机发现了他们，这几位火山探险者终于得救了。

当人们把塔齐耶夫送进医院时，他已经遍体鳞伤，右肋、膝盖和颈部流血不止，防火衣上有好几处被熔岩损坏，使不少地方的皮肤二度烫伤。

由于塔齐耶夫的冒险勘测，使瓜得罗普岛上75000名岛民避免了一次搬家大迁移，他因此而受到政府的嘉奖，被人们誉为无所畏惧的"火神"。

发现南极大陆的人

在南太平洋的最南端，有一片命名为"别林斯高晋海"的海域。别林斯高晋是俄国人，也是发现南极大陆的伟大探险家。

1819年7月4日，俄国的喀琅施塔得军港，充满了节日的气氛。港中停泊着两艘帆船。一艘叫"东方号"，另一艘叫"和平号"。这两艘吨位不大的船，将组成一支海上探险队，出发到遥远的地球南端，去寻找"未知的南方大地"。探险队长就是别林斯高晋，在黑海舰队任职的海军中校。

海军部长代表沙皇，将一把象征权力的短剑郑重地交给他。并对他说："沙皇陛下信任您，命令您带领探险队从这儿出发，途经英国，去南美洲的巴西。如果这一年中气候良好，您必须去南纬55度的乔治亚岛，再从那儿到桑德韦奇，前往南方继续寻找，一定要找到未知的南方大陆。"

在南半球极地区域，是否存在着大陆，这是地理学家们一直想解开的谜。西欧的航海家们，曾多次扬帆远航，试图找到这块"未知的南方大地"（即今天的南极大陆），但都没有如愿以偿。后来人们对此失望了，甚至根本不相信它的存在。

别林斯高晋站在"东方号"的船头，将要用自己的实际行动，向先辈和权威的错误论断发出挑战。

船队离开喀琅施塔得后，驶出芬兰湾，穿过波罗的海，途经丹麦首都哥本哈根和加那利群岛，一直在大西洋上向南航行，11月2日抵达巴西首都里约热内卢。

经过短期的整休，"东方号"和"和平号"继续南航，12月中旬到达南乔治亚岛。随行的科学和探险队员登上这座岛屿，进行了详细的科学考察，发现这个岛多山，沿岸多峡谷，附近没有居民居住，周围海面上还经常出现巨大无比的鲸。

船队在南纬56度的海面上，见到了第一批流动冰山。越往南航，冰山数量越多。这些冰山与陆地上的山很相似，周围被海浪冲成许多缺口，形成无数奇妙的穴洞、隧道和尖形的凸出部分，有的冰面上还散布着不少黑色斑点。根据天文学家西蒙诺夫分析，黑点是岩石的碎屑或砂子、粘土，它们是冰川运动中直接堆积而成的。因此他认为，在不太遥远的地方可能有大陆或岛屿。

船队前进了29海里，就发现了海岸线。别林斯高晋意识到，这可能就是34年前库克发现的海角。他叫探险队员们抛锚登岸，进行详细的考察活动。

"东方号"和"和平号"的探险队员，发现这是一个不太大的岛屿，而且在它的附近还有不少岛屿，别林斯高晋把这个新发现的地方命名为南桑德韦奇群岛。

船队继续快速南进，已进入南纬60度海域。在这个海域中航行，到处都能见到像桌面般大小的流动冰山。有一天，别林斯高晋在驾驶台上，发现远处有座巨大的冰山，正朝船队行驶方向冲来。"不好，遇上了流动冰山！"他心里很清楚，如果船只撞上冰山，哪怕是擦个边，整条船就会像鸡蛋碰石头那样粉身碎骨，因此必须绕过它。

庞大的冰山越来越近。别林斯高晋通过望远镜观察，这座冰山长达2000米。

好在这天天气晴朗，能清晰地观察到冰山的活动方向。别林斯高晋凭借丰富的航海经验，指挥船队安全地绕过了这座巨大的冰山。这时，眼前展现出一片开阔的水域，探险队员不禁高声欢呼起来。

1月20日，船队经过南极圈，环境变得更加恶劣。这个地区始终刮着强烈而固定的西风，有时甚至如飓风般猛烈，平均风速每秒达17—18米，最厉害时每秒超过75米。南极地区是世界上最冷和风暴最多的地区。

这里的气候寒冷，终年为西风寒流包围，几乎分不出春、夏、秋、冬四季，因此人们把每年11月到第二年3月这段相对较暖和的时期称为暖季，而其余时候则称为寒季。

在南极圈内，整个暖季没有黑夜，天天日头当空，这给探险队的活动带来了方便。尽管如此，在南极圈内航行仍充满了危险，不仅气候寒冷，风暴大，而且越往南行驶，海上的浮动冰山就越多越大，有些地方甚至像一道无边无际的冰墙，挡住船队的航道。

1月16日，探险队到达南纬69度的地方，发现了一片广阔的冰地。别林斯高晋和他的伙伴们，满怀喜悦地朝南望去，看到了真正的南极大陆。直到今天经过科学考察证实，当时别林斯高晋的船队，已航行到距离南极大陆20-25海里的地方。

再往前根本不可能，东、西、南三面都是冰地，"东方号"和"和平号"只能后退回航，绕着冰地向东航行。一路上风雪交加，周围一片迷迷蒙蒙，在前方领航的"东方号"，一不小心碰上一座大冰山，幸亏船速缓慢，才没有发生大事故。

从离开马特海岸地区开始，两艘舰船逆着风向，绕着大陆冰层和海上的浮冰进行了5天艰苦航行，终于在1月21日到达南纬69度25分地区。

由于环绕南极大陆附近边缘航行。要遇到无数的冰山，为了安全起见，他们不得不朝北或朝东绕圈子。

别林斯高晋对探险队员们说："我们的目标是向南，尽量接近南极大陆，现在我们掉头北航，是为了避开冰山。在今后的日子里，应该竭力向南和向东航行，要把发现南极大陆和环绕南极大陆的任务结合起来完成。"

2月6日，他们到达阿斯特里德海岸地区，第三次接近南极大陆。虽然当时的气候条件不错，能见度较好，但南极大陆的一片冰层，又把探险家们的前进之路给挡住了。正当别林斯高晋一筹莫展时，冰层南面飞出无数的飞鸟和海鸥。探险队员立即欢呼起来，因为这种迹象表明，附近肯定有海岸或陆地。

在这次航行中，他们经常看到一种有趣的动物，外表像巨大的鸟，但不会飞翔而善于游水，行动如同海豚。其实，这就是南极特有的动物——企鹅。缺乏新鲜食物的探险队员，就常常捕猎企鹅，作为大伙改善伙食的佳肴。

他们绕着巨大的海上冰块，向东方摸索前进，一有机会，两艘船就绕过冰块朝南航行。2月13日，他们第四次到达南极大陆边缘，即现在的恩德比地。

到3月底，南极地区进入漫长的寒季，别林斯高晋只得率领大家返回澳大利亚，养精蓄锐，准备新的探险。

1820年10月31日，暖季到来，"东方号"和"和平号"再次出发，向南极挺进。一路上，他们成功地穿越了"咆哮的40度线"海域，那儿的强烈风暴，能把海浪吹起15米高。当接近南极大陆时，他们不时被巨大的冰山阻挡，只好小心翼翼地在浮冰间隙中穿行，向东慢慢绕过冰山航行。

1821年1月10日，别林斯高晋在昏暗中发现有个发黑的斑点。太阳光透过云层，照射在这块大地上，大家心情激动，因为他们确信看到了海岸，并将该岛命名为彼得一世岛。

由于这个岛的位置比南极圈还要向南许多，对它进行考察具有典型意义。探险家们在这个岛上，发现了两种身体构造很简单的昆虫，即比利时苍蝇和无翅膀的弹尼虫。岛上还有不少鸟类，如鼻子像盒子的盒鼻鸟，嘴巴上长有"管子"的管鼻鸟，翅膀展开可达2米的巨海燕，以及企鹅、信天翁、雪海燕和各种海鸥等等。

船队继续向前航行，1月17日，他们看见一片山地，别林斯高晋把它命名为亚历山大一世岛。这是一个巨大的岛屿，面积近6万平方千米，它被一条宽15-75海里的海峡与南极大陆隔开。以后，他们又发现了不少新岛屿，如三兄弟群岛、罗日诺夫岛、米哈伊洛夫岛等，并结束了这次环绕南极大陆一周的伟大航行。

1821年7月24日，别林斯高晋率领"东方号"和"和平号"的勇士们，经过751天的艰难航行，返回到阔别两年多的喀琅施塔得港。这次航行，用事实否定了权威们关于南极不存在大陆的看法，而且还发现了29个新岛屿，其中有两个位于南极圈内。

别林斯高晋回国后，花了几年时间整理考察材料，到1824年年底，他将整理好的材料交给俄国海军部，受到高度重视。

为了表彰别林斯高晋建立的不朽功勋，俄国当局下令，将南太平洋最南端的一部分命名为别林斯高晋海，以及南方的一块海盆命名为别林斯高晋海盆。

别林斯高晋的探险生涯开拓了人们认识世界的视野，为地理学研究提供了一大批宝贵的资料，因此，他的名字被列入第一批俄国地理学会会员之中，在当时，这是一种十分崇高的荣誉。在探险队出发和归来的喀琅施塔得港，至今还能见到别林斯高晋的纪念像。

华莱士考察亚马孙河

阿尔弗雷德·华莱士是19世纪著名的生物学家，也是酷爱探险的科学探索者。他出身贫寒，从青少年时代就投身于考察大自然的事业之中。他在亚马孙盆地和马来群岛充满冒险的考察中，表现出坚韧不拔的毅力以及杰出的观察分析能力，并对具有划时代意义的生物进化理论作出了重大贡献。

华莱士性格腼腆，在与人交往方面显得十分胆怯，但在探索自然奥秘的道路上，他是一名坚强刚毅的勇敢者。1847年秋天，他向著名博物学家贝茨建议，希望两人联合考察亚马孙河。从此以后，他便成为职业的博物标本收集者和大自然的勇敢探索者。

1848年，华莱士和贝茨来到帕拉，这是一个接近亚马孙河口的港口。他们在沿河考察和收集标本之后，华莱士又孤身一人，继续沿着亚马孙河进行原始热带丛林深处考察。在这段时间，他收集了大量动植物标本，记述了当地动植物的生态情况，并了解到不少印第安人部落的风土人情。

考察途中，除了经常遭遇毒虫猛兽，还受到致命的黄热病威胁，他的兄弟赫伯·华莱士，就是在另一次亚马孙地区的探险途中，被黄热病夺走了生命。将死亡之神置之度外的华莱士，根本不管这些，他在极为恶劣的生活条件下，一次又一次深入人迹罕见的热带丛林，采集、观察、记录，如饥似渴地去探索自然界中的一切。

华莱士强壮的身体变得消瘦不堪，终于有一天，热带地区特有的疾病缠上了这位探险科学家。华莱士的体温突然升高，身体时冷时热，周围没有人照顾，他只能利用随身所带的药品和草药，进行自我治疗，总算命大，疾病得到了控制，但身体却变得非常虚弱。

在这种情况下，华莱士只能暂时中止探险考察，取水道乘船返回伦敦。他没想到，一场更大的灾难接踵而来，他搭乘的轮船突然起火，船上顿时一片火海，华莱士虽然死里逃生，但数年来苦心收集的15000件标本全部沉入海底，其中8000件标本在当时完全是新种。

亚马孙河流域4年多的探险考察，没给他留下一件有价值的东西，但华莱士并不灰心，1854年又踏上了马来群岛探险考察的征途。他每天到深山丛林追踪和研究动物，观察它们的生活习性，了解它们的特点行为。考察期间，华莱士的头脑中一直思考着：在瘟疫流行时，为什么有的动物能幸免于难，有的却会死亡？在遇到强敌时，最狡猾和速度最快的动物才能逃脱虎口；在闹饥荒时，耐饥饿和消化最彻底的成员才有希望延续后代。在这中间，一定有许多弱者被淘汰了吧？是什么在控制生物的进化呢？也许是自然在无意识地进行选择。就这样，生物进化的自然选择理论，慢慢在华莱士的头脑里孕育成熟。由于他独立地提出自然选择学说，成为与达尔文齐名的生物进化论创始人之一，因此有人又称他是一个"几乎挫败达尔文的人"。

贝克探寻尼罗河源头

  1862年12月18日，3艘不大的帆船正沿着白尼罗河渐渐南下，一艘叫"德拜爱"号的帆船在前头引路，后面跟着两艘载货的帆船。3艘船的总吨位还不到1000吨。

  "德拜爱"号的甲板上并肩站着一男一女，男的40岁出头，是一个非常自信而勇于探险的英国人。边上那位美丽的金发女郎是他的妻子洛伦斯，当时年仅20岁。

  非洲的尼罗河，是人类文明的发源地之一，然而谁是第一个寻找到尼罗河源头的人呢？就是站在船头的英国探险家塞缪尔·贝克。

  贝克出生在英国的一个种植园主的家庭里，父亲在亚洲的锡兰（今斯里兰卡）拥有规模很大的橡胶种植园，家境很富裕，但贝克不喜欢安逸的生活，希望自己也能干一番前人未干过的事业。他为了帮助父亲照看种植园，曾去过锡兰，后来又到匈牙利监造一条铁路，并在那里认识了洛伦斯。

  尼罗河纵贯非洲大陆东北部，要揭开非洲的奥秘，首先就要摸清尼罗河的来龙去脉和地理环境。自古以来，人们就在推测尼罗河的发源地。尼罗河有两条支流——青尼罗河和白尼罗河，它们在喀土穆汇合。欧洲人直到1770年才弄清青尼罗河的源头在埃塞俄比亚的高原地带，而白尼罗河的源头在哪里仍然是个谜。

  热爱冒险事业的贝克萌生了探索尼罗河的大胆设想，年轻的妻子洛伦斯也大力支持，并要求与丈夫同行。为了完成这次探险。贝克夫妻在移居到喀土穆前，曾花了一年多时间，在苏丹进行勘察和学习阿拉伯语，并用6个月的时间招募探险队员。他们不惜高价，倾其家产雇来了45个士兵、40名海员和11名仆人，买来了最好的枪支、航海仪器和食物，并在两艘货船上装载4匹骆驼、4匹马和21头驴。可见，贝克是个家产丰厚的人，他完全可以过安逸甚至奢侈的生活。然而，他不满足于物质生活上的享受，勇敢地投身于大自然的怀抱，去探索前人未发现的奥秘，这是他一生最大的追求。

3只船已渐渐远离了喀土穆城。映入眼帘的是郁郁葱葱的树林，但贝克深知，要迎接他们的将是沼泽地带、恶劣气候和热带疾病等可怕的考验，他们的第一个目标是苏丹南部的贡都柯卢。

十多天后，出现在贝克等人眼前的已不是一片绿色世界，而是一片延伸800千米的黄色荒漠，这儿几乎没有生命，到处是死一般的沉寂。它预示着艰难的旅行将由此开始。

12月底，小船开始穿过一个雾气腾腾、蚊蝇孳生的沼泽，它是世界上最大的沼泽地之一，大片高达5米的莎草丛，把整条河流变成了纠缠在一起的线团。贝克心里明白，前人之所以未能探索到尼罗河真正的源头，正是这些可怕的沼泽地带迫使人们放弃探索计划。今天自己既然来了，就不能半途而废！

航行越来越困难，有时浓雾弥漫，连河岸也看不清。空气中还散发着令人恶心的腐臭味，船只经常被水下的杂草缠住。士兵和海员跳入水中清除杂草，当他们爬上船时，常常浑身被毒虫咬出一片片红疙瘩。航行速度缓慢，直到1863年2月2日，也就是离开喀土穆后的第47天，贝克的小船队才摆脱了沼泽地的窒息空气，到达了第一个目的地——贡都柯卢。

贡都柯卢位于苏丹南部，在白尼罗河上游1600千米处。它原来是个人口稀少的小镇，近年来由于开设了许多奴隶贩卖行，人口骤然增多。

有个叫哈里森的人曾煽动探险队员们的不满情绪，企图发动武装哗变。

贝克为了完成寻找尼罗河源头的崇高目标，向队员们晓以大义，终于平息了哗变。

在贡都柯卢小镇，贝克意外地遇到了自己要寻找的老朋友斯比克。

斯比克是在探索白尼罗河源头时，在非洲失踪的。这位老朋友的失踪曾使贝克十分伤感，今天能在这里重逢，贝克感到十分意外。因此，大家一坐下，他就迫不及待地问道："你们有没有找到源头？"

斯比克说："我和格兰特在维多利亚湖考察了一阵，发现维多利亚湖的湖水从北面的狭口流出，形成一条河流。我们虽然没有沿河探索而上，但我肯定这就是尼罗河，说不定源头就在那里。"

斯比克的介绍鼓舞了贝克夫妇。3月底，贝克一行与斯比克和格兰特分手，他们带上骑手，并带上一群骆驼和驴子，浩浩荡荡地向东南方向前进，去探索那完全未知的地区。洛伦斯脱下飘逸的裙子，换上衬衫和长裤，脚上也穿起了高帮松紧鞋。由于自然条件恶劣，洛伦斯常发疟疾，但她还是顽强地挺着，坚持负责安排膳食、管理仆人和照料他人，成了队中不可缺少的主力。

从贡都柯卢出发后的第一段路程要通过几个危险的沟壑，带来的马匹适应不了热带气候的干燥和跋山涉水的劳累，一匹匹相继倒下，沉重的负荷也常使骆驼失足。按说从贡都柯卢到卢特纳齐格湖只需两个星期，实际上，贝克却用了9个月时间才到达。

一天，探险队遇到了一支从事贩运奴隶和象牙的土耳其商队。负责后勤的洛伦斯对贝克说："我们已经有好多人生了疟疾，再这样下去恐怕走不到目的地，我看是不是请求土耳其商队护送。"

这时，贝克本人也得了疟疾，但他不愿让人搀扶，宁愿自己挂着一根树杆支撑着行走。听到妻子的建议，他十分赞同，并派妻子带几个士兵前去交涉。结果十分顺利，土耳其商队首领一口答应，护送探险队去布尼奥罗王国（在今乌干达境内）。这是探险队从贡都柯卢出发后所要抵达的第一个目的地。

在土耳其商队的引导下，7月份探险队进入一个叫奥博的村子。遗憾的是，展现在贝克等人眼前的是一片凄惨景象，村内到处是村民的尸体，有些已腐烂发臭，大群大群的非洲红头苍蝇嗡嗡乱飞。原来，这里的村民由于卫生条件极差，被天花夺去了生命。眼下，每个探险队员都极度疲乏，大多数人身患疾病，亟需休整。

疲惫不堪的探险队员们在奥博停留6个月，渐渐恢复了生机，到1864年早春，贝克夫妇率领探险队重新踏上征途。

1月23日，他们到达斯比克所说的尼罗河源头。

这时，贝克从地图上发现他们已进入布尼奥罗王国的领地。这个地方就是今天的乌干达西部、阿伯特湖东岸的布尼奥罗省。不远处，布尼奥罗的居民静静地守候在河边，观望着探险队的到来。善良的土著居民生活在山清水秀的地方，却仍过着原始的刀耕火种的生活。

贝克与部落首领卡姆拉西进行谈判，希望他能帮助探险队找到尼罗河源头，并提供马匹、粮食和向导。开始，卡姆拉西表示拒绝，但经过贝克的反复恳求，他才勉强同意提供粮食，但不提供向导和马匹。

又过了两天，贝克夫妇带领探险队开始向维多利亚湖进发。

经过几天的艰苦跋涉，他们来到了一条十多米宽的河流边。河流渡口上的"浮桥"很独特，完全由水草堆积而成，人走在上面陷得好深好深，大家一脚高、一脚低地好不容易穿过了渡口"浮桥"。

旅途中，洛伦斯中暑了，她在担架上昏迷了一个星期才好转。

1864年3月14日，探险队穿过深谷，来到一个高岭。贝克骑着牛走在队伍前面，洛伦斯紧跟其后。此刻，呈现在贝克眼前的是一大片水面，朝西南方的山下无限伸展，在阳光下闪烁发光。

"这一定就是当地人传说的卢特纳齐格湖。看来，我们胜利了！"贝克跳下牛背，情不自禁地喊了起来。他查看着地图，测量着方位，更加肯定了自己的猜测。

是的，这里确实是斯比克所说的那个神秘的卢特纳齐格湖。贝克拄着竹杖，挽着妻子蹒跚走下山坡，来到岸边。微波拍击着洛伦斯的双脚，她高兴得像孩子似的用脚踢起一阵阵水花。贝克更是激动不已，奔到河边，满怀激情地饱饮了这尼罗河发源地的水。

面对浩瀚的湖面，贝克知道，尼罗河源头已在他们眼前。正是这个湖中断了这尼罗河流向贡都柯卢的支流。贝克为了表示对英国女王丈夫的尊敬，将该湖命名为艾伯特杨什（即艾伯特湖）。

贝克夫妇从当地渔民那里租来了两条独木舟，准备从湖的东岸驶往湖的北端，进一步揭开它的奥秘。他们与7名探险队员分别向湖中心划去。

在与风暴和浪涛的搏斗中，他们坚持了13天，如愿以偿地到达了湖的源头麦风戈。

"啊，终于看到你的真面目了!"贝克情不自禁地发出了感叹。他指着地图告诉大家："你们看，这儿有两条支流，北面的那条就是尼罗河（现在叫阿伯特尼罗河），东面的那条则通向维多利亚湖（即维多利亚尼罗河）。"

的确，贝克找到了尼罗河的真正源头。因为尽管尼罗河的上源有两条：即发源于埃塞俄比亚高原的青尼罗河和发源于东非高原的白尼罗河，但青尼罗河的河水来自夏季多雨、冬季干旱的热带草原地区，水量变化很大。而白尼罗河的上游临近终年多雨的热带雨林地区，全年的水量变化很小。所以，1770年欧洲人找到的青尼罗河源头，并不是尼罗河的真正源头。而贝克探险队发现的白尼罗河源头，才是真正的源头。

不过，贝克的好友斯比克和格兰特发现的维多利亚湖也是源头的一部分，只不过，贝克到达的卢特纳齐格湖（艾伯特湖），比维多利亚湖更难寻找。比艾伯特湖面积大近10倍的维多利亚湖，以它那浩瀚无比的水面，将源源不断的湖水从北面的狭口流出，形成维多利亚尼罗河，流经基奥加湖，通过支流注入艾伯特湖。今天，贝克找到了中断的支流，揭开了艾伯特湖的奥秘，也探索到尼罗河源头的来龙去脉。

坐气球到非洲拍摄野兽

过去，人们一直用直升机考察和拍摄非洲草原上的动物。可是要拍那些白天睡大觉，晚上才出来活动的猛兽，用这种方法就不行了。为了拍到非洲群狮争夺猎物的场面，三个法国人想到了热气球。热拉尔·维延和吉姆·维延两兄弟是摄影师，还有气球驾驶员耶尔莫希望像法国科幻小说家凡尔纳在《气球上的五星期》中描写的那样，在夜幕掩护下，乘坐气球到动物栖息地进行拍摄。于是，"独眼巨人"号热气球便诞生了。

这只气球直径有16米，体积约2000立方米。彩色的尼龙布外，涂上一层防止空气透过的涂料。气球下部有个喷灯，里面装满丙烷气体。点燃喷灯后，把空气加热到60-70℃，气球就会升空。喷灯的下面，挂着一只供摄影用的吊舱，舱里面有4只调节重量的砂袋，还有一盏能照射2000米远的探照灯，远远看去，它好像一只大眼睛，因此热气球就被取名叫"独眼巨人"号。

他们的气球飘到了卢旺达境内的草原地区，来到一个狮群经常出没的地方，天已经全黑了，吉姆扭开探照灯，朝地面仔细搜寻。灯光照在绿绒般的草地上，惊醒了熟睡的斑马和羚羊，而狮子则依然酣然大睡。它们对天空中的庞然大物毫无反应，只有几只小狮子跳起来好奇地仰头观看。

午夜时分，草原上吹来一阵凉风，狮子们活跃起来。一头金雄狮领着狮群悄悄包围水塘，准备伏击前来喝水的猎物。耶尔莫驾驶着"独眼巨人"悄悄跟过去，他怕惊动狮群，只能熄灭探照灯，在黑暗中静静观察。

没过多久，一只口渴的黑斑羚羊慢吞吞地走向水塘，狮群立即一拥而上，只听见一声哀鸣，黑斑羚羊已被撕成了几块。这是一个难得一见的场面，摄影师赶快打开摄影机，将狮群争食的情景全部摄入镜头。

巨大的气球引起了狮群的好奇，它们丢下吃剩的食物，紧紧盯着气球上的3个人。

险情一触即发，热拉尔举起步枪，吉姆的手枪也上了膛。而耶尔莫则抄起一把斧子，准备与狮群生死相搏。狮群瞪着枪口，仿佛知道眼前的对手并不像黑斑羚羊那样好对付，一时也不敢贸然上前。就在这紧急关头，远处传来了汽车的发动机声，大本营的朋友赶来救援他们了。

安全脱险的人们，经过几天休息，对"独眼巨人"号进行仔细修理，又准备开始新的行动。

几天前的那一幕，使他们尝到了狮子的厉害。

这一次，热拉尔他们为了实验嗅觉、听觉在狮子捕猎中的作用，设计了一个危险的实验。

一天傍晚，热拉尔和吉姆到草原上，录下了一头受伤羚羊的哀叫声。第二天下午，他们找到一群吃饱了正在打盹的狮子，通过扩音喇叭，放出羚羊哀叫声。这声音充满诱惑力，狮子们很快清醒过来，闹哄哄地围住汽车，想闻一闻猎物的气味，结果让它们大失所望。纷纷四下散去，又去睡它们的大觉了。

几天后，吉姆在草原上找到一只后腿折断的受伤羚羊，将它吊在离营地不远的一棵大树上，然后躲在一边偷偷观察。

扩音机里反复播放羚羊的叫声，到了半夜，悬吊羚羊的大树周围黑影幢幢，许多野兽云集于此，领头的是一群狮子，一公三母，外加五只小狮子。狮子后面是一群鬣狗，它们鬼鬼祟祟，东张西望，知道自己不是狮子的对手，所以小心翼翼地与狮子保持一定距离。

一只小狮子爬到树上，它猛地一蹦，碰到了羚羊。但没有抓紧，结果摔倒在地。不停播放的羚羊叫声激起了年轻狮子的狂热，它们疯狂地抬直前爪，企图拍打黑乎乎的猎物，可是羚羊挂得太高了，直到黎明前，狮子也没有把猎物搞到手。气急败坏的狮群，咬断了扩音机的电线，失望地走了。狮子一走，躲在树上的豹子立即独享了这顿美餐。

这天夜里，共有26头狮子、6只斑鬣狗和1头豹子光顾了大树，扩音机被咬坏了，话筒上全是爪印。50米长的电线被咬成23节，地上一片狼藉。

热拉尔和吉姆重新把一只开了膛的死斑马，再次吊到那棵大树上，但高度下降，离地仅一米半距离，然后他们登上气球，在暗处等候。

凌晨两点，来了一头满脑袋红毛的雄狮，它的任务是侦察。在狮群中，"侦察员"的地位仅次于狮王。"红毛"左顾右盼，肩上和脖子上的长毛闪闪发亮，当它发现斑马以后，拼命地打着响鼻，这可能是在向伙伴们发出信号。一会儿后，狮王威风凛凛地走来了，接下来是三头年轻的狮子和两只小狮子。年轻狮子率先行动，敏捷地向挂在头顶上的斑马包抄过去，别的狮子也不甘落后。在这场争食大战中，"红毛"和狮王结成联合阵线，而三只年轻狮子则为另一方，双方各不相让。如此一来，本来力量最薄弱的小狮子占了大便宜，它们从出生后的三个月，就开始练习捕食猎物，现在乘大狮子们正在紧张对峙的时机，悄悄沿着树枝爬到死斑马身上，好像捕猎老手那样，第一口就咬向斑马的脖子。

大狮子们见小狮子们得手，再也顾不得其他，一拥而上，一起撕抢猎物。

过去人们都认为，像狮子这样凶猛的动物，根本不吃死去的动物尸体。通过这次实验，这种说法并不正确，在它们饥饿时，新鲜的尸体也是很好的食物。

热拉尔正在拍摄狮子争食的精彩场面，"呜、呜"，营地突然响起了警报声。热拉尔和吉姆赶快跳下气球奔向营地，发现他们宿营的帐篷一片狼藉。原来，那是几只狮子闯进营地并踩响了报警器。这时，狮群已将车子围住，津津有味地嚼着绳子、电线、轮胎和帆布车篷。人们在附近点起了火堆，想把它们吓跑，可狮子一点也不怕，因为这种火它们在森林中见得多了，胆子较大的狮子，甚至还敢用爪子去碰烧红的木头。

营地的人们都躲到帐篷里，有的还顺着绳子爬到热气球上，观看下面乱哄哄的场面。狮子乱咬了一阵，见没什么太大的油水，便撞倒几个油桶，呼呼噜噜地走了。万幸的是，营地的人们一个也没受伤。

为了拍一部狮子捕猎的影片，这几位摄影师乘着气球，飞越了乍得、肯尼亚、坦桑尼亚和卢旺达等非洲国家，接连不断地跟踪狮子，拍摄到许多有趣的场面，对狮子的习性也有了更多的了解。

狮子习惯于夜出捕猎，在白天，它们总是趴在树荫下，懒懒地不愿动弹。狮子每天要睡17—18个小时，这时候它们没心思捕猎，即使猎物送上门来，它们仅仅漫不经心地追几下。有一次，热拉尔在白天从气球上亲眼看到，一只母羚羊在狮子面前蹦来蹦去，轻松地逃脱了狮子的追捕。

经过许多天的追踪，摄影师终于拍到了狮子捕猎羚羊的全部过程。

这天晚上，热拉尔等人乘坐在"独眼巨人"号上，发现了一群狮子，同时通过探照灯光还发现，离狮群二十多米处有一只羚羊。

狮子渐渐包围而上，羚羊的背后是丛林，退路已被堵死。狮子越逼越紧，羚羊高高一跳，想跳过狮子的血盆大口，但狮子也高高跃起，一口咬住羚羊的脖子，长时间地压迫羚羊的气管——这是致命的一招，羚羊终于断气而亡。

影片拍完以后，热拉尔给这部影片取了个响亮的名字——《钢牙和利爪》。在两年多的拍摄过程中，除了摄影师的努力，"独眼巨人"号热气球也立下了汗马功劳。

到海底考察的女队员

加勒比海和大西洋交界的维尔京群岛出现了一支由4名女性组成的科学考察队。苏珊是海洋生物分类学家，雷纳特博士是巴西籍生物学家，安·哈特兰小姐是海洋生态学家，佩吉是机械和电气工程师。

阳光穿过大约15米深的海水，使昏暗的海底朦朦胧胧地映照出一个巨大的轮廓，那就是考察队的水下新居——海底科学家之窗。

"海底科学家之窗"的外形很有趣，它由两只巨大的圆柱形金属筒组成，远远望去，犹如一对肩并肩而立的同胞兄弟。在周围，环绕着半圆海底礁石，如同一道弧形的天然屏障，保护着这所独特的水下建筑。

在这静悄悄的水底，女考察队员并不孤独，水下窗口的灯光，吸引了许多水下生物前来作伴。哈特兰小姐对任何海洋动物都怀有深厚的感情。她长时间地站在圆形的窗口处向外观察，只见周围有好多美丽的小鱼，穿梭不停地在附近游动，偶然也能见到几条一米多长的大鱼，悠闲地绕着海底新居徘徊散步。

它们对这个海底的庞然大物似乎很感兴趣，有时候会长时间停在窗口前，瞪着眼睛往里瞧，仿佛想了解这些陌生的不速之客，究竟来海底干什么。

午夜，一切潜海的准备工作已经完毕，明天，她们要去1000米外的海域进行正式考察。

凌晨4点半，苏珊和哈特兰，还有佩吉，已经站在出口舱，穿上了潜水衣，背上最新式的水底呼吸器。这种呼吸器能通过再循环方式使空气重复使用，有了它，进入水中一次可待上4小时。

女科学家们真是全副武装，潜水衣外还束上沉重的腰带，并带上指南针、深度仪、声波导航仪、照明灯、潜水表和潜水刀。除此以外，哈特兰小姐又拿了一块特殊的水下书写板，以便在必要时可以记录点什么。

考察队员沿着暗蓝色的出口舱慢慢向前，然后一个接一个滑入到漆黑一片的海水中。到5点钟，她们潜入到20米深处，这时候的海底，万籁俱寂，许多鱼儿还待在岩缝或巢穴中，一动不动地休息睡觉。

只见沙面上布满许多深深的小孔，还不到一分钟，从里面钻出十多条细长的美洲鳗，它们竖起露出洞外的身子，脑袋向前伸，活像一个个竖在水中的潜望镜，真是有趣极了。后来，它们就开始不停地扭动身子，异常灵敏地捕获周围的小生物。原来，美洲鳗是白天捕食，一到晚上，就钻进沙土的地穴里，蜷曲着身子很难使人发现，怪不得以前夜间潜水时，从来没有在这样的沙地上遇到过这些杰出的舞蹈家。

女科学家们继续向北潜行。6点整，眼前出现了一片海星的世界。沙地上的海星数量多得惊人，它们一个紧挨一个，就像一块块多角花边的厚垫子铺在水底。苏珊顺手把一只海星翻过来，看见上面有无数活跃的小管子，这就是被称为"短脚"的管状体，每个海星有几千只"短脚"，依靠这许多"短脚"，海星才能在海底爬行。

她们在水中发现海星并不是完全静卧不动，而是在不停地爬行。佩吉拿出一把量尺，放在一只紫色海星身边，测出它的爬行速度为每分钟10厘米。

那只海星朝不远处的一只扇贝爬去。微微张开贝壳的扇贝一边过滤着海水，一边捕捉水中的小生物，丝毫没感觉到危险已经渐渐逼近。这时，除了紫色海星外，还有一只海星也在朝扇贝移动。没过多久，两只海星摩肩擦背，似乎在亲昵地会晤。但仔细一看才知道，原来它们在进行生死搏斗。紫海星个子较大，它慢慢爬到对方身上，用"短脚"吸住对手的一只腕，然后慢慢把它拖向一边。被压在下面的海星无法挣扎，腕和身体之间出现一道裂口，然后就整个断了下来。

最后，受伤的海星只能朝另一个方向逃走。

目睹这场搏斗后，她们又发现了更奇特的现象。那只断腕居然也会行走，一直爬到珊瑚丛的角落中才停顿下来。海星断腕很像蜥蜴的断尾巴一样，用来迷惑敌人，但它比蜥蜴的生命力更强，不仅受伤的海星会长出一只新腕，就连那只断腕也有生命力，能在以后的岁月中重新长出五只新腕，成为一只新海星。这使女科学家们想到，如果事实真是如此的话，那么海星厮打越频繁越激烈，它们的繁殖也就越旺盛，这真是自然界中的一大奇迹。

最后，当然是胜利者接近了扇贝，只见它抬起一只腕，慢慢放在扇贝的贝壳上。扇贝受到惊吓，猛地震动一下，企图利用喷出的水流，冲开海星的那只腕，但没有成功。海星朝扇贝的另一面又伸出一只腕，紧紧吸附住，用力打开扇贝，然后趴在它身上，用口部对着扇贝肉大吃起来。美丽的海星，居然也是一只残忍的杀手。

当太阳已经升起，漆黑的海底现出一点昏暗光线时，考察队员准备掉头回家，突然，哈特兰小姐发现，十多米远处有一大团色彩艳丽、软乎乎的东西。她定神一看，眼前的怪物就是传说中的水下恶魔——章鱼。

章鱼有8条长长的腕足，所以又叫八足怪。它的腕足上有2000多个吸盘，每个吸盘能吸100克重物，也就是说，一条章鱼能吸住200千克的东西。但章鱼并不像人们传说中的那样凶恶，虽然它的外貌有点可怕，但本性还是谨慎胆小的，很少主动向人进攻，除非潜水员闯进章鱼的巢穴，使它无处躲避，才会被迫向人发起反击。苏珊曾经有位潜水员朋友，有次游到章鱼的洞穴前，被章鱼的一条长腕拦腰卷住。她花了很大的劲，才从章鱼吸盘下挣脱出来，直到今天，肚子上还留着一排圆圆的伤疤。

但这一次，考察队遇到的章鱼并不在洞穴中，而是静静地躺在沙地上，然后懒懒地支起身来，用8条腕足撑地，悠闲地在海底徘徊散步。突然，它的腕足一使劲，向前腾身跃起，身体表面颜色也像变色龙那样，由斑斓的颜色变成褐色、绿色，最后变成灰色。这是怎么回事？原来，在不远处有只大螃蟹正在踽踽独行。跃起的章鱼在大螃蟹上方，如同一顶降落伞一样缓缓下降，不偏不倚，正好把那只大螃蟹裹在中间。毫无疑问。那只螃蟹将成为它的一顿美餐。

女科学家们静静地在远处观察，章鱼也发现了她们，既不攻击，也不躲避，当然，水下的人也不想去自找麻烦。

两个星期的水下生活，虽然艰苦，但却很有意义，而且收获也很大，每一个人的工作都非常出色。通过这次考察证明，妇女也能和男人一样胜任水下工作。

亚马孙恐怖丛林之行

　　1972年8月的一天，下午3时半左右，一团团灰暗色的云堆，开始在苍白的天际不断涌现——暴风雨快来临了。河道两岸密不透风的浓绿树丛，这时越发显得阴森可怖。意大利探险家汤姆·斯特林，当时同向导正坐在一只小艇上，准备进入亚马孙河中游北部那片扑朔迷离的河道和森林，进行一次新的探险和考察活动。

　　这一天，斯特林等人勉强赶了50千米路。暴雨后的傍晚，一只巨型的南美毒蜘蛛，可能是受到灯光的吸引，也可能是忍受不了林地的水浸，竟闯进他们休息的茅屋来。这只毒蜘蛛伸开的8条腿，各有18厘米长，令人毛骨悚然的遍体棕毛每一根都耸立着。这时，紧张万分的斯特林，全身的汗毛也像蜘蛛一样直立起来。

　　斯特林立刻想上前杀掉它，却受到屋主人的阻止。他警告说，毒蜘蛛身上的长毛也有毒，它一遇敌情会自动脱落，一旦沾上几根就会造成极大的刺激痛苦。毒蜘蛛能捕食小鸟，一般不袭击人类，除非你刺激他的眼睛。

　　这只蜘蛛悠闲地看遍了屋里的每个人，还特别多看了斯特林一会，便悄悄离开了。那天夜里，几个人都把床缚在屋内木头上，吊得高高的，这就是吊床，让人高枕无忧。

　　隔了几天，斯特林在林子里憩息时，又差点被毒蝇叮咬。这种毒蝇把利口刺进人的身体，毫不在乎是否会被人打死。它叮咬的结果是逐渐而进，叮第一口使你不适，叮五口便会疼痛不堪，叮上十口可使你发狂，若被叮上二十口，甚至能夺走人的性命。还有一种苍蝇更可恶，它会利用蚊子在人身上留下的刺口，把它的卵偷偷塞进人体，在人体内直接"孵"出蛆虫来!

斯特林很快就明白,在这儿,毒蜘蛛、毒蝇根本算不了什么,丛林中那些粗壮的蟒蛇、恶魔似的大鳄和狮虎鱼,以及其他怪物才是真正的险恶玩意儿。难怪有人曾把亚马孙称为"绿色的地狱"。

狮虎鱼个头不大,仅半米多长,但它的牙齿锋利无比,凶残成性,比海里的鲨鱼还可怕。斯特林曾目睹一条黑黑大大的狮虎鱼,恶狠狠地对准船上一把镰刀猛咬一口,刀口便像爆玉米花般纷纷散裂开来。人和动物在水中,万一陷入这种鱼群,顷刻间会被吃得只剩下骨架。

天气实在太热,向导建议游水,他说只要河里没有成群结队的狮虎鱼出现就不用怕,特别在涨水季节,不过千万别光浮着不动。斯特林仍不放心,一跃入水就赶紧爬回船上,向导在水里啪啦啪啦游上几分钟也回来了。值得庆幸的是,总算没有意外事情发生。

以后几天,他们在游水时还撞到几条南美大鳄,就在离他们不远处,幸运的是大鳄对他们根本不瞅不睬。

后来斯特林又发现,当他泡进水里贪图凉快时,真正让人害怕的还有两种鱼,一种非常小,一种很大。小的那种能寄生在人的肛门或尿道内靠尿液生活,因它有倒钩可紧紧钩住人体,必须动手术才能把它除掉。另一种是可达几十千克重的大鲶鱼,它往往会在觅食时,把你整个脚掌咬掉,乃至把你的整条腿都硬生生吞下一半。

一天,他在水里看见一条很大的模样像蛇的东西,吓得他赶紧向岸上爬。它不是蟒蛇,而是一条电鳗。电鳗也不是好惹的,一旦人体触到它,就会有触电的感觉,剧痛无比。电鳗利用这种电感来打晕猎物,曾经有人被它震晕而溺水死去。

热带原始森林没有春夏秋冬之分,全年只有干湿两季,只有四时不退的潮湿和赤道的闷热。这里的树木的落叶、萌芽和开花、结果都在同时进行,大部分树木永远不会枯黄。植物在亚马孙河地区充足的湿热环境中,不断地抽条生长。

怪异可怕的幽深黑暗,是亚马孙丛林的另一奇特现象。数以亿万计的林木为了抢夺阳光，都拼命向上，长得高不可攀，可是下面的树干只好光秃秃地树叶全无，仅在高高的树顶撑开一把亭亭如盖的绿色巨伞。这样一来，只有10%的阳光可以透到地面，斯特林感觉自己仿佛置身于古老阴暗的中世纪修道院。在这看似宁静和平的丛林深处，其实每一角落都有一场静默的内战进行着。

藤蔓是一种热带的攀援植物，就像大蟒蛇或电线一般死缠住树干，或是绕圈圈似的挣扎向上，直冲云霄，力求一睹阳光。有些藤蔓长达200米，仰仗潮湿空气为生的美丽的附生和寄生植物，密密匝匝地聚生在高高的树巅，特别是各种附生的兰花，瑰丽多彩，令人心醉。

许多树木还有暴露在外的气生根，它们犹如长蛇爬行在地面上。还有的大树，树干基部长出一块块板壁似的巨大板根，曾把斯特林绊了一跤，他不耐烦地用棒子去回击它们，想不到竟听见一片类似钢琴低音区发出的声响。

斯特林完全被眼前的绿色世界迷住了，在走下一个斜坡时又不小心滑了一跤，连忙伸手抓向旁边一棵棕榈树干，不想这树也与众不同，树干从上到下长满了成丛的尖刺，于是众刺齐落，统统扎进他的掌心，只觉得刺心地痛。

斯特林这次旅行的最后心愿，是到巴西和委内瑞拉交界处的卡特里马尼河上游去。但沿河至少有20多处激流险滩，有几处根本就无法通过。幸运的是他碰上了印第安人的独木舟，这种独木舟是用独根巨木挖制成的。每次他们划到激流连绵不断的地方，连货品带独木舟便不得不由人抬着绕过森林。激流漩涡中凸出的石块就像一枚枚欲吃人的黑牙，使人产生一种恐怖之感。丛林中还传来一阵阵低沉的声音，显然是吼猴或美洲豹发出的。

即使在陆路上行走也不轻松，往往要先砍去一些树枝，或劈碎、搬开横卧在地面上的一些断落树干，这样才能顺利通过。最后他们终于来到卡特里马尼河上游，这里有个印第安人部落。斯特林此行的原来目的只是考察地质，结果他觉得不论在动物学、植物学还是人类学的考察上，都有令人满意的收获。

一支少年考古探险队

别古思教授一家住在法国多尔多涅地区的一个小村庄里。村边有一条神奇的河流，冬天和春天的时候，河水把山里的洞穴、土坑灌得满满的，而在夏季和初秋，山洞和河床就变成了旱地。河水在小洞流淌，最后却消失得无影无踪。

别古思教授是个考古学家，他的三个儿子从小就听父亲讲原始人的故事，受到父亲考古工作的熏陶。为掌握第一手资料，身材高大的别古思经常在狭窄的洞穴间钻行，进行实地考察。有时，他还带上孩子们，因为他们可以穿过他无法进入的洞穴和缝隙。久而久之，孩子们也和父亲一样勇敢，非常喜欢探险。

有一年夏天，一个外来的动物学家在探查河里的稀有动物时，发现了沟壑里一个暗藏的洞口。这引起了孩子们的强烈好奇心。于是，他们瞒着父亲，带上照明灯、镐头和船桨，划着自己动手钉成的小船，驶向洞穴。

洞里漆黑一片，阴森而恐怖。为了壮胆，孩子们有意高声说话、嬉笑。船慢慢向前划着，洞内渐渐宽敞起来。突然，船在一块大石旁搁浅了，好不容易将船移开，结果船又冲进了漩涡激流之中。这下，孩子们真的慌张起来，他们大声叫喊着，七手八脚地用力撑船。眼看着激流就要把小船冲进深渊，猛然间，他们发现前面不远处有一片岩石。于是大家齐心协力，奋勇地划了过去。终于，他们脱险了。过度的紧张和疲惫，早已把孩子们累得气喘嘘嘘，一上岸，便都无力地倒在了地上。

休息了一会儿，孩子们开始意识到下面该做什么了。他们爬起来，点燃了灯火，开始四下搜寻。借助微弱的灯光。他们摸到了洞壁，发现在这被水淹了一半的洞壁上，画着似马和鹿一样的动物，黑黄交错，样子十分凶恶。顺着墙壁，他们还发现一幅野牛被射杀后垂死挣扎的壁画，形象十分逼真。当孩子们继续向前，穿过一条低矮、曲折的通道后，眼前突然豁亮开来，一个神奇的大洞穴出现在面前。洞内钟乳石高低不一，千姿百态；洞穴中央，还有一汪湖水，清澈碧绿，水波荡漾，被灯光映照着，泛起点点光斑……孩子们惊喜地目视着眼前的一切，激动不已。

回到家里，孩子们欣喜地向父亲汇报了他们的发现。别古思教授听罢十分吃惊，为了证实这一切，第二天，年过半百的教授又亲自进入洞穴进行考察。眼见为实，教授同样被洞穴中的奇妙景象吸引，兴奋得手舞足蹈，他挨个吻着孩子们。据考证，这些壁画是距今四五万年前原始人留下的杰作。

这个罕见的发现是了不起的。受之鼓舞，孩子们决心找到更多、更有价值的东西。

不久，在另一座岩壁上，孩子们发现了一条裂缝，距地约十米高，直上直下，没有路可通到上面。孩子们从家中带来绳子，将其一头套在峭壁的裂齿上扣住，并用镐头在峭壁上凿出台阶，就这样攀绳而上。到达了裂缝处，又被迎面的一片石笋林挡住了去路。孩子们不畏劳苦，挥舞手中镐，又打出了一条通道。他们的衣服被扯破了，有的手也擦伤了，但是他们全然不顾这些。

"快来瞧，这是什么东西？有人来过这里！"走在前面的路易猛然拉过弟弟，指着地上的脚印说："你们看，像是人的脚印。"

孩子们围拢来，仔细地注视着地下。确实是人的脚印，像石膏浇注的一般，非常清晰。可是顶上的钟乳石距地不过半米长，谁能躬身走过这里呢？"会不会是原始人呢？"路易自言自语，"看脚印距今已多年了，一定是原始人。几万年来，石灰岩不断地滴落下来，慢慢形成了钟乳石覆盖在脚印上面。"孩子们想起了父亲平日对他们传授的知识，并用它对脚印进行了猜测和分析。随后，他们又把脚印小心地取下，准备带回去交给父亲。

新的收获再一次鼓舞了孩子们。他们继续摸索，在一个大厅似的洞穴里，他们又发现了一具蛇的骨架及人与一些动物的脚印。

当孩子们把取下的脚印小心地放到父亲面前时，别古思教授又一次激动万分。他骄傲地对孩子们说："假如证实这是原始人的脚印，那么每个人类学家，将会多么羡慕你们啊！"

后来，别古思教授在孩子们的引导下，也来到了洞穴。在那个有一堆骨头的大厅里，大家又找到了野兽的头面骨。教授告诉孩子们："这是熊的残骸。根据足印分析，这里可能发生过人与野兽的搏斗。原始人最终胜利了，他们将野兽的肉吃掉了，骨头却留存至今。"

教授和他的孩子们在洞壁的裂隙间又找到了一条新的路，它仿佛一直伸向地底。在一处隆起的粘土坡边，他们又发现了一组壁画。这是两只激战未酣的野牛，形态十分逼真。

好象是上天的赏赐，就在发现洞穴秘密两周年的纪念日，别古思教授和他的孩子们又有了一次巨大的发现。

那天，天刚亮，别古思教授和孩子们带上工具和食物，准备到山上去热闹地庆祝一番。中午时分，他们想找处地方休息时，一位过路人告诉他们，附近乱石岗上有一个洞，里面总是吹着凉风。于是，他们找到了那里，一眼望去，洞很深，像个无底洞。小弟弟抢先系上绳索，绳子慢慢向下放着，十几分钟过去，绳子放下去了18米长，却不见小弟弟的动静。洞口的人开始焦躁不安起来。大儿子路易等不及了，也飞快地拴上绳子，下洞去寻找。时间又过去了半小时，兄弟两人仍没有一点回音。教授和儿子急得围在洞口团团转，不时地向洞内大声呼唤，还是没有回音。正当别古思教授准备亲自下去的时候，突然，他发现绳子被拉紧了。他们赶紧俯向洞口，用力往上拉着绳子。小弟弟终于上来了，他顾不得掸去身上的灰尘，就兴高采烈地扑进父亲怀里："不得了了，爸爸，巨大的洞穴！里面有几百幅壁画！真是奇迹！"

于是，新的洞穴壁画被发现了，这些壁画都是艺术和历史的珍品。为了纪念孩子们的发现，教授给这个洞起名叫"三兄弟"洞。

植物学家的探险生涯

1958年的夏季，在福建武夷山的李家坡地区，我国老一代的植物学家周玄等人，肩负着考察当地植被和采集植物标本的使命，踏着清晨的露珠，向深山走去。

进入密林深处后，周围的光线变得十分昏暗，天顶之处的骄阳已被浓烈的乔木树冠遮蔽，这是真正的原始森林。终年温暖湿润的环境，使它形成了特有的生态景观，除了上层密密的绿色树叶之外，地面树干上的每一寸空隙都被厚厚的苔藓所覆盖，使乔木树干失去了原有的面目，清一色地裹上了绿茸茸的苔藓外套。

在这奇幻般的绿色世界中，他们折入一条沟谷，边采集边行走。突然，沟谷的前方出现了一堵令人眩目的绝壁，光光的崖面上长满了溜滑溜滑的青苔，就连野兔、山猫都难以攀越，看来只能朝左侧的陡坡绕行而上。他们手拉几根下垂的青藤奋力向上。在这样陡的山坡上爬行，几乎不是用脚走路，而是全靠双手吊住一棵棵树干慢慢向上挪动。越往上越难行，这时，周玄发出一声惊叫，只见一棵碗口般粗细的大树，在他的攀拉下拦腰折断。

原来，这是棵朽木，因为树干外布满了绿色的苔藓，看上去好像活的一样。周玄正飞速向沟底滚去，这可是上百米深的岩石谷地啊！危急之中，幸而他死死抓住一棵小檀树，身上那只铝质水壶却直向深谷坠去，许久才传来与岩石撞击的"哐当"声……

当他们登上一处瀑布顶端刚想休息一会时，发现溪流对岸的一块岩石旁长着两种梦寐以求的蕨类植物。但眼前的溪水十分湍急，流到绝壁处形成十几米高的瀑布。为了能采到标本，他们决心冒险涉水。

虽然他们脚上穿着特制的防滑草鞋，但水底滑腻的青苔和水流强大的冲击力使他们无法站稳，还没走出3米，其中一位植物学家忽然感到一股强劲的水流向他的腿上袭来，一个趔趄，他一下子被溪水冲到瀑布顶端。身体突然又觉得一轻，随着瀑布急坠而下，被水流冲进一个极深的深潭。神奇的是，约莫半分钟后，他又被倒回的水流推上潭面。这时，强烈的求生欲望使他拼命朝外划游，也不知过了多少时间，他终于拖着水淋淋的身子来到潭边。这一天，他们两人都经历了九死一生的磨难。

1960年的4月，这位植物学家到仙霞山一带采集标本。那儿人烟稀少，野猪、黑熊和华南虎等各种凶猛野兽异常猖獗。

那天黄昏，采集"收工"的植物学家在路上蓦然听见，前方传来一阵缓慢而又沉重的脚步声，一个巨大的身影渐渐向他逼近。是黑熊！在这条崎岖窄小的山路上与他狭路相逢了。它也停住了脚步，彼此相隔5米多远互相对峙着。在这紧张的时刻，他屏住呼吸慢慢地伸出右手摸向后腰，试图解下匕首，准备在不得已时拼死一搏。就在伸手之际，无意中拇指触及皮带上的一串钥匙，发出轻微的响声。他灵机一动，立即取下那串钥匙猛烈摇晃……静谧的夜晚突然响起了一阵阵金属的撞击声。

黑熊被这突如其来的怪声音吓了一跳，它后退一步，似乎显得有点胆怯。他见此法见效，更加起劲地摇动，同时还壮着胆子向前逼进一步。他摇得兴起，嫌声不够响，于是从地上又拾起一块石头，用力敲打着铁皮采集箱，"咚、咚"的巨响引起了山谷中的一片回音，这一下黑熊被吓坏了，回转身没命地逃奔而去。

在一般人的眼里，毒蛇是最可怕的动物，但对常年累月浪迹野外的人来说，这却是司空见惯的。

有一次在福建山区的一片稀疏灌木林中，植物学家正四处搜寻着植物标本，根本没看见十多米外有条一米多长的眼镜蛇潜伏在灌木丛之中。它见有人逼近，立即发出"呼、呼"的警告声，这时，植物学家正在全神贯注地采集标本和观察植物，没注意眼镜蛇发出的警告。

片刻之后，他又向前走了几步，这一下眼镜蛇被激怒了，只见它猛然直立起前半身，嘴里那条鲜红的蛇信一伸一缩，颈部因愤怒而急剧膨大，再一次发出"呼呼"的响声，形状恐怖之极。等他发现时，它已经快速地向他游来。以往的经验告诉他，眼镜蛇只要发起进攻，就非得置对手于死地不可，而且眼镜蛇的游动速度相当快，要想逃跑完全不可能……

转眼之间，眼镜蛇已游至面前，一个电光石火般的快速冲刺，那张露出毒牙的嘴对准他的右腿咬来。就在这刻不容缓的瞬间，他猛地向左一闪，扑空的眼镜蛇一下子冲到了他的身后。了解眼镜蛇习性的人都知道，它的攻击速度虽快，但存在一个不会转弯的弱点，如果一次攻击不成功，必须等调整方向后再上。当它发动第二次进攻时，他手中已握了一根折下的树枝，准备当作武器。这次，蛇攻击他的左腿。他一面向右闪避，一面顺势在后面用树枝往它的心脏处狠狠一击，只听"噗"的一声，它瘫倒在地上，这是他杀死的第12条蛇。

大学生十年探险神农架

一个名字叫李孜的上海大学生，多年来，坚持自费到深山老林去寻奇探谜，去追踪传说中的野人，成为一名现代社会的徐霞客。

李孜毕业于华东师范大学，是中文系的高材生，可他却没选择文学创作的道路，而是踏入莽莽林海，去追寻"野人"的踪迹。

自从传出神农架有"野人"的消息后，他便立志要打入到"野人"社会中去。但要达到这个目标，成功的可能性只有万分之一，甚至百万分之一，可他决不退缩。他的父母都是高级知识分子，各方面条件很优越，李孜放着大城市不去，每年到深山老林里去探险。

李孜是一个真正的自费探险者，他预先写了遗书，然后才开始了探险生涯。

他首次进入神农架，没有向导，单枪匹马，孤身一人闯进了人迹罕见的原始森林。神农架的人们都替他捏一把汗，担心他进入"无人区"后，会迷失方向陷入绝境。李孜不顾个人安危，甚至对塌方、泥石流、悬崖都无所畏惧。他一路搜索，当登上神农架主峰半腰丛林深处时，惊异地发现，山坡上有好多奇怪的大脚印，而且还找到一堆新鲜粪便。他不断往上攀登，在海拔2687米的山峰上，又连续发现100多个大脚印，脚印分布在山洞和水塘边，每一个长40多厘米。

20多天过去了，还不见野人的影子，带去的压缩饼干和干粮早已吃完，只能寻找野生的板栗、松子和野果充饥，饿极的时候，甚至连树皮草根也拿来煮着吃。到了夜晚，他在树与树之间悬空搭起一张床，并用粗绳子把自己的身体捆起来。在黑沉沉的夜色之中，在野兽横行的莽莽密林内，孤身一人的李孜为了壮胆，还要不断地打开矿灯。

有一天晚上，当李孜在吊床上一觉醒来时，隐隐约约听见"哦哦哦"的叫声。这不像任何野兽的叫喊，那会是什么怪物呢？不一会儿，一个黑影正朝吊床走来，离他大约10米远的地方，黑影突然像人一样站立起来，并从身上散发出一阵阵腥味。

李孜猛地爬起身，一不小心连人带"床"跌倒在地，响声暴露了目标，急得他手忙脚乱。当李孜从背包中取出照相机时，黑影已闪电般地离开了。失之交臂，李孜沮丧极了。为了抓住野人，他决定不洗澡、不洗脸，用身上的气味来引诱野人。可野人不上当，他自己却上了大当。由于身上浓烈的怪味，招引来不少山蚂蟥和毒虫的叮咬。这是一段异常难熬的岁月，浑身又痛又痒，伸手一摸，能从内衣里捉出十几条粉笔粗的山蚂蟥。

进山已经很久了，他决定下山休整一段时间。回去的路上，他经过一个草深林密的峡谷，一条毒蛇感觉到有人走来，悄悄地窜了过去，吐出鲜红的蛇信，对准李孜的腿部狠狠地咬了一口。死神已伸手向他召唤，绝望之中，他举起防身用的尖刀，对准胫骨伤口处狠狠剜去。随着飞溅的鲜血，一阵钻心剧痛袭来，但为了活命，他又再次举起尖刀。刀太钝，只能将伤口处的腿肉，一小块一小块地剐下来，然后用双手挤出毒血。这种情景，就像在承受千刀万剐的酷刑，无法忍受的剧痛终于使他昏了过去。

过了好久，李孜从昏睡中醒来。他忘了饥饿和焦渴，带着几分遗憾，用整整3天时间，在荒野中艰难地越过了"无人区"，穿过了无路可寻的"迷魂墙"、"鬼门关"，跌跌撞撞地回到神农架政府所在地——松柏镇。

山下迎接他归来的人们，看见他那副狼狈的模样都大吃一惊。他的衣服破烂不堪，将近半年没有理剪过的长头发和胡子，几乎遮住了全部面孔，再加上他身材高大，猛一看，他自己倒真有几分像深山里的野人了。

◎ 与天奋斗 ◎

　　自然规律给人类的体能规定了种种极限。人类正不断地努力突破这种铁律。

　　精神的力量不是万能的，但这是人类所独有的。既然"上帝"给了人类这种"恩惠"，人类就要用它来征服自然，于是，就产生了人类的英雄……

超越极限的滑雪勇士

　　汤尼·巴莱鲁斯曾被世界公认为是最富有冒险精神的险坡滑雪家。在他传奇般的履历中，有过100多次高山陡坡滑雪的记录，其中包括令人生畏的埃格尔峰、塞维诺峰、白朗峰的东北坡、大贝奈尔山的北坡。最危险的一次壮举，是从阿尔卑斯山脉的萨索隆哥山飞泻而下。他的探险生涯表明，一个人只要有坚定的信念，就能超越一切正常的极限。

　　1986年5月1日凌晨3点，大地还笼罩在浓重的黑暗之中，一阵清脆的闹钟铃声将巴莱鲁斯从梦中惊醒。这是他去征服萨索隆哥山已盼望很久的日子。

　　萨索隆哥山海拔3181米，全部由白云岩构成，远远看去，犹如一个楔形的庞然大物，尤其是东北坡常令人望而生畏，一道参差不平的石壁足有1600米高，突出的岩石和积雪散乱交错在一起。这座山在意大利的攀山等级中被列为最高级。有人曾统计过，在100万人之中，最多只有1个人会考虑去攀登它。而巴莱鲁斯不仅仅要登上峰顶，更难的是还要从峰顶滑雪而下。

　　上午6时，巴莱鲁斯背着沉重的装备，开始了登山之行。黎明的光线还很昏暗，在这空寂无人的雪山中，巴莱鲁斯像幽灵似的穿过一片高原，然后迂回曲折，爬越过无数岩石。他选择直上峰顶的路线有这样一个原则，那就是向上攀登时必须有几乎不可能办到的难度，否则，下来就不能算真正的险坡滑雪壮举。

　　当然，什么叫不可能，并没有直截了当的答案，用巴莱鲁斯的话说："可能与不可能的区别，不在于山坡的表面陡度，而在于自己的头脑和体力。尽管面对的山壁也许看来平滑如镜，但总会有一个或两个可攀附的地方，只要你具备足够的体力、经验和勇气去寻找。"

在5年间，巴莱鲁斯就曾梦想滑下萨索隆哥山的东北坡，并为此而认真察看了地形。山坡左边全是一落几百米的峭壁，右边是无数的石面岩柱，中间有两条拉长的"S"形白线。那是两条非常陡峭的峡谷，峡谷中间有无数冰雪不顾地心引力，附着在峡谷两壁，从那两条悬空的雪线上滑行，一失足就必死无疑。

对巴莱鲁斯而言，那白色的雪线就是一个梦想的开始，一个准备用生命做赌注来实现的梦想。有人曾问巴莱鲁斯，为什么要去冒这样巨大的风险？他回答说："我之所以这样，就像一些人立志要绘一幅举世杰作，或者独自扬帆环绕地球一样，我也想展示我的天赋，把它运用到没有人到过的地方。其实，在我们每个人的心里，都有一支特别的歌曲，唱出这支歌曲，便是展露了人生的真谛。如果一个人抑制内心的曲调，简直生不如死。对于我，死亡固然十分恐惧，但虚度此生则更令我害怕。"

此时此刻，巴莱鲁斯的梦想要实现了。他开始攀登，越接近顶峰，攀登便越困难，积雪填塞了所有裂缝和空隙，以致攀登点很难找到。但是，他经过了7小时的努力，萨索隆哥山已经触手可及了。

下午2点，他终于跨上了峰顶。那是一堆带有红色斑点的白岩石。天气好极了，无垠的天空一片深蓝，在和煦的阳光照耀下，雪层将变得比较松软，这样，下滑时积雪容易在岩石上形成一层软垫，有利于高速滑行。

巴莱鲁斯不敢浪费时间，匆匆地往肚子里塞了几块干粮后，立即检查所有的装备。一切已经准备就绪，他沿着一条异常陡峻的雪沟，开始了令人惊心动魄的急速下滑。因为速度太快，扑面而来的冷气流像刀割一般。然而，此刻的巴莱鲁斯根本顾不上这些，只是两眼紧张地瞪视着前方。突然，前方的斜坡猛地下削，毫无疑问，斜坡的尽头处一定是个悬崖，霎那之间，他的视野全被天空包围了。

巴莱鲁斯下滑的速度越来越快，离悬崖只有10米远了。这时，他看清崖下的正前方，是高低不平的岩石区，若笔直冲下去肯定粉身碎骨，只有右边显得比较平坦，雪层也较厚。然而，不管崖壁下的情况如何，带着巨大的惯性从悬崖上冲下，其危险的程度是不言而喻的。

也许，这就是巴莱鲁斯的最后一次滑雪。这位勇敢的险坡滑雪家，到了眼下的生死关头却十分镇定。因为他身上有一种独特的气质，那就是善于在自我对抗时取胜，而不善于与别人对抗。比如他的滑雪技术，足以达到世界超一流的水平，但他从未在滑雪大赛中获得成功。有时候，他在选拔测险时表现得十分出色，但一到与人对抗的比赛中就一败涂地。一次又一次地失败，使巴莱鲁斯了解到，他永远不可能成为一名优秀的滑雪比赛选手，若想出人头地，就必须试试别的途径。从此以后，险坡滑雪便成了他终生为之奋斗的项目。

说时迟，那时快，就在冲下悬崖前的瞬间，巴莱鲁斯猛地将雪橇向右急转，改变了前冲的方向。大约半秒钟之后，巴莱鲁斯已冲下悬崖，这时，他犹如堕入到一个无穷无尽的空间，不仅没有任何恐惧，反而感到自由奔放，心中涌起一股难言的喜悦。他的思想和动作已合二为一，自己的身体仿佛变成了高山和天空的一部分，就像在梦境中飞翔一样。

当然这不是梦，这确确实实在飞行。当飞泻而下的滑雪者快要着陆时，巴莱鲁斯收起了幻想的翅膀，竭力使自己保持平衡。他身上的每一根神经末稍，都处在最紧张的状态之中，因为一旦失去平衡，落地时将带来不可挽回的灾难。幸好，灾难没有发生，雪橇落下时，带着与积雪尖利的摩擦声，下坠力化为前冲力，使巴莱鲁斯死里逃生，继续向前滑去。

巴莱鲁斯正沿着雪沟下滑，忽然间，附近传来一阵震耳欲聋的轰隆声。巴莱鲁斯根据丰富的经验，知道可怕的雪崩发生了，前方将是一段极危险的征途。

他用力撑动雪杖，尽量加快速度，同时警惕地观察四周动静。山顶上的大雪块不停向下崩落，一不留神就有可能被埋葬在深雪中。当巴莱鲁斯穿过一条狭窄的山峡时，头顶响起了令人惊颤的雪块摩擦声。他抬头一看，不禁大吃一惊，右上方的积雪已出现一条条大裂缝，小山似的大雪块缓缓向下移动，几分钟，甚至几秒钟就可能坠落，如果在最短的时间内，巴莱鲁斯不冲出山峡危险区，必将遭受灭顶之灾。

在这种情况下，巴莱鲁斯使出了全部力气，拼命滑行，就在他刚刚到达危险区边缘时，身后传来了一串巨响，犹如一幢高楼突然倒塌，大块的积雪带着怒吼直泻而下，卷扬起漫天的雪。巴莱鲁斯不愧是滑雪高手，只见他左旋右回，在岩石障碍中曲线滑行。最危险的路程已经过去，现在每绕过一块岩石突起，每下降一米，就离成功近了一步。

在大功即将告成之际，也就是离山脚还有200米的地方，巴莱鲁斯遇到了最后的考验。那是一段倾斜约60°的坚厚冰墙，根本无法从如此陡峭的地方下滑。巴莱鲁斯考虑再三，决定放弃毫无希望的冒险，最后，借助于绳索滑下山脚。

下午5点，巴莱鲁斯站在山脚下，久久地仰望这座庞然大物，连他自己都不敢相信，怎么可能完成如此艰险的工作。虽然，梦想已成为现实，但他并不显得特别兴奋，因为他的脑海中又在酝酿新的梦想，在考虑如何去征服下一个目标。

用帆板征服撒哈拉大沙漠

在征服世界上最大最险恶的非洲撒哈拉大荒漠的英雄好汉中，有人使用汽车，或骑摩托车，甚至骑自行车，也有人骑骆驼、骑马，还有人步行、长跑……

1979年，法国33岁的亚尔诺·德·洛思耐，别出心裁，为了不走探险前辈们已经走过的老路，为了创造新的探险纪录，专门设计了一种能在沙地上行驶的新型交通工具。它的形状有点像能在海滨穿行的帆板，一块装有4个小轮子的、2米长的窄木板，上面竖起一张可随意操纵的6平方米大的风帆。利用风力作为行驶的动力，就像帆板运动员站在帆板上，借助风力在浪花上滑行前进一样。亚尔诺把它叫做"沙舟"。

亚尔诺计划驾驶这简陋的沙舟，沿着濒临大西洋的西非海岸，从毛里塔尼亚的滨海城市努瓦迪布南下，凭借这一带强劲的东北信风，在撒哈拉大沙漠上滑行1100多千米，到达塞内加尔的首都达喀尔为止。为了保证远征的成功，他事先赶到西非摸清了当地的天气、潮汐、风向和沙漠的情况。

一眼望不见边的西非大沙漠，显得死气沉沉。这一带濒临海滨，沙子洁白细小，混有被海风海浪卷上来的贝壳粉末。一开始，他脚踩在窄窄的平木板上，身体微曲，根据风向操纵着风帆，可谓是一帆风顺，"飘行"得相当顺利。但是不久"沙舟"就接二连三出现故障：他没看清楚，事先也根本没料到，沿途沙地上长着一丛丛很矮小的带刺的荆棘，它们像是埋着的地雷，等到发现时，已经先后刺破爆炸了16个橡皮轮胎。

幸好旅程的前半段他不是单枪匹马，摄影师弗朗索瓦和毛里塔尼亚军队派出的两名军人陪伴着他，他们驾驶一辆越野车为亚尔诺的冒险远征保驾。轮胎每炸一个，大家帮着修补。晚上，大家一起睡在沙丘旁搭起的帐篷里。由于出师不利，他们情绪很坏，弗朗索瓦愁眉苦脸，亚尔诺也没有睡好。沙漠中的昼夜气温相差很大，夜里天气特别冷。

第二天情况变得好起来。亚尔诺信心增强，离开了他的伙伴，独自在沙地上一气赶了131公里路。他为周围苍茫的荒野景色，为自己破天荒的冒险壮举，情不自禁地自我陶醉起来。在探险日记中他动情地写道："我到了一个处女地。这儿没有垃圾，没有噪音，没有人烟，却不使人寂寞。我变成自然的一份子，与她交谈，为她的魅力所倾倒。"

撒哈拉沙漠绝大部分地方没有道路，杳无人烟，陷进去很容易迷失方向。亚尔诺参照太阳的位置、风向和装在沙舟上的指南针，时时纠正前进的方向。

沙漠中旅行最怕遇上沙暴。一股股强烈的旋风从地面不断卷起尘沙和干土粒，在空中打转的飞沙走石，使白天也变得暗无天日。这时，尽管是紧闭着嘴巴，也会满嘴尘沙，原来有一部分是从鼻孔吸进去的！亚尔诺在第三天就陷进了这样一场铺天盖地的沙暴中，整整几小时无法脱困。尾随的伙伴们花了九牛二虎之力，才从沙舟底下找到他，而他正用那块帆布，把自己从头到脚遮盖得严严实实。

第四天的情况截然相反，几乎没风。必须借风才能行驶的沙舟，没有前进几步就无可奈何停了下来。越野车已朝前开去，这天，亚尔诺没有人陪同。晚上他把沙舟倒过来，将底板竖在沙丘上，利用风帆搭起一个敞开的临时帐篷。半夜两点钟左右，他又被一群豺的嗥叫声惊醒。豺的个头儿虽不大，却比狼更凶残，吓得他赶紧拿起充气用的气泵，把它们吓跑。

第六天，风仍然软弱无力，不能再等下去了。大部分时间他不得不拉着沙舟徒步前进，就像为河中的船只拉纤一样。这一天，他终于到达毛里塔尼亚的首都努瓦克肖特，此刻他才走完一半路程。陪伴的两位军人，这时接到返回部队的命令。打这以后亚尔诺再没有车辆陪行，只能一个人在沙漠中闯荡。

亚尔诺在努瓦克肖特休整一天。他消化不良，感觉身子不太舒服。尽管如此，到了第八天早上，他仍然带着5千克食粮、5瓶淡水、睡袋、匕首和备用帆、两个备用胎，总共20千克行李，继续乘风驾舟滑行在大沙漠上。

摄影师弗朗索瓦驾驶飞机，沿着海滩搜索了几个小时，竟然看不见他的踪迹。第九天，亚尔诺依然没有音信。

第十天，还是找不到亚尔诺的身影。弗朗索瓦沉不住气，准备想去外界请求救援了。谁料到第十一天，亚尔诺竟然出现在位于塞内加尔河北岸的罗索镇上，难怪摄影师找不到他了。

究竟发生了什么事呢？原来亚尔诺出发不久，由于虚弱晕了过去，苏醒时已是半夜。第二天天亮他接着赶路，然而风向又不对，他不得不改向朝东行驶，这就偏离了原定的路线。离罗索镇还有170千米路程，他打算天黑以前赶到，可是途中被一个警察拦住，经过解释，才说服他。后来轮胎又出故障。亚尔诺不能再浪费时间，他马不停蹄连夜赶路。这天晚上月光皎洁，沙舟行驶如飞，时速达到60千米左右，接近汽车的速度，所以在第十一天清晨抵达罗索。

他稍事休息后又踏上征途，下午赶到这条河的出海口圣路易港的对岸。这时他已经行走了846千米，胜利指日可待。

第十三天，亚尔诺想尽快结束这次远征。他不顾当地居民的劝告，在涨潮时冒险搭上木筏抢渡塞内加尔河。河上风很大，突然一股上游涌来的激流席卷住木筏，把它迅速推向河口。亚尔诺眼看自己和沙舟就要被冲进外面的大西洋中，竭尽全力使木筏搁浅在沙洲上。几小时后，在当地的渔民帮助下，亚尔诺才脱离了困境。

离最终的目的地达喀尔只有200千米了，亚尔诺发疯般地向前疾驶。无论是海滩、沙丘还是风，似乎已不再找他的麻烦。他熟练地操纵着"小舟"，不到6个小时，赶完最后一段路程。成千上万的达喀尔居民惊讶地向他欢呼，向他祝贺。他感慨万分，对自己说，这仅仅是开了个头，他决心要驾驭自己设计制造出来的沙舟，穿越世界上所有的沙漠!

"飞下"世界最高峰的人

法国探险家让马克·布尔凡曾在1979年从世界第二高峰——乔戈里峰上"飞"下来，由于这次奇迹般的飞行，他获得了当年"国际体育运动勇敢者"大奖。

所谓"飞"，是一种高山滑翔运动，它使用较轻便的三角翼，外表呈三角形，尖头向前，后面两角作翅膀，可以拆卸。探险者身背拆开的飞翼上山，登上顶峰再组装好。然后看好风向，掌握好气流，人就"光溜溜"地悬吊在飞翼下，靠双腿从悬崖高处向下跑动，借助气流凌空起飞，到预定地点用双腿支撑着落。

这不但需要勇气，也需要体力和娴熟的技巧。让马克的三角翼飞行达500次以上，曾创下无数的高山飞行纪录。而那些地方，往往连一只鸟也未到过。1979年9月6日，让马克在乔戈里峰的7600米的高度，决定一个人独自乘三角翼冒险飞下山。他花了一个半小时组装好飞翼，然后观察风向风速，寻找合适的起飞地点。当蹬离地面起飞的一刹那间，激动与恐惧之感同时闪过。他赶紧把三角翼控制好，并把手套脱下来，以便操纵灵活些。开头三角翼撞在峭壁上，因为高山稀薄的空气一时"垫"不起三角翼的"翅膀"，他直往下掉!三角翼是脆而不坚的飞行器，幸好这次没撞坏。由于寒冷、高度和难以控制的下降速度，让马克的眼血管破裂，看不清楚周围的东西，但他还是坚持到了最后。

让马克终于降落在离大本营不远的一块不大的岩石上，整个飞行持续了13分钟，除了手冻伤外，一切还算顺利。

6年之后，让马克又刷新了三角翼飞行高度的纪录。他从喜马拉雅山海拔8032米的卡什布鲁姆峰上飞下来，再次成为从世界最高处飞下来的人。

让马克创造了一天内连飞4座高峰的纪录。阿尔卑斯山主峰——勃朗峰北部有4个最危险的山峰：绿针峰、德罗瓦特峰、古尔特峰和可怕的大若拉斯峰。1986年3月17日，在20小时中，让马克完成了这4座山峰的飞翔冒险。

凌晨4点30分，他踏上了冒险飞行的旅程。当他从最艰难的斜坡爬上绿针峰时，四周仍是一片漆黑。他只能借助头上的矿灯照明，脚下踩在一条非常狭窄而又布满冰柱和大冰块的沟路上。冰柱随时都有崩塌的危险。他攀爬了1000米后，在拂晓6点半到达峰顶，此时太阳刚刚升起。他顾不上欣赏日出，忙不迭打开降落伞，向空中飞去，走向这次冒险的第二个目标：德罗瓦特峰北坡。途中，他必须同时在冰川和岩石上行进。坚硬的岩石不断弄钝他握在手中攀爬用的铁钩。

当他再次攀登1000米高度，登上德罗瓦特峰顶时，已是正午12点。他的朋友已用直升机为他把三角翼运到山顶上。他动作麻利地悬吊在飞翼下，又飞向第三个目标——古尔特峰。在下午4点前，他到达第三座峰顶上。几分钟后，让马克借飞翼之力飞向大若拉斯峰。着陆后，山峰还高出他1200米。

此时已是下午5点。登山路上的冰层出现断裂，行动困难重重，前300米还算顺利，之后进入一条坚硬的冰道，冰镐一点也凿不进去。加上登山铁钩也钝了，身体老是滑来滑去。最后，他到了一个有80米长的松碎岩石地段，上面的冰极滑，还盖上一层雪，真是艰苦卓绝。

黑夜很快降临，让马克只能靠头上的矿灯探路。他开始感到冷，发报机发不出电波，无法通知山下的伙伴。他花了4个小时才爬上山顶。这时，已经是晚上10点半了。他稍事休息，就撑起三角翼。11点半，他大胆地在黑夜中进行了一次魔术般的飞行，只有雪地上的反光给他照路。当他到达山下3000米处的大本营时，已是深夜12点半了。

让马克的一生成绩卓著，但他不是安于既得荣誉的人，他永远不会满足。在欧洲，他被称为"自由飞翔的人"；在日本，他被称为"鸟人"。

他不仅是高山飞行的勇敢者，还是电影摄影爱好者。他拍摄的短纪录片《攀登冰川》，在意大利特兰托国际登山电影节获得了马利奥·别洛奖，在法国国际冒险片电影节也得了奖。新的山峰和电影正吸引着让马克·布尔凡，他又在向新的目标前进。

珠峰南北大跨越

珠穆朗玛峰，一直令无数登山探险家心驰神往。自从1921年第一支英国登山队企图征服珠峰以来，几十年搏斗惨遭失败，许多好汉献出了生命。直到1953年，汉特上校率领的第九支英国登山队，终于成功地从尼泊尔南侧爬上天庭。1960年，新成立不久的中国登山队，又从路程更长、难度更大的北坡征服珠峰。

此后，人类变换着各种方式、路线，数十次踏上女神头顶。然而珠峰并没有因此而变得驯服。1986-1987两年中，世界上有二十多支登山队希冀能一睹女神芳容，但只有一支从南坡获得成功。六七十年来，在珠峰捐躯的登山家有近百人，还不算那些失踪的、无法记载的。在北坡登山大本营附近一座矮山上，密密麻麻排着8座坟墓，埋葬着牺牲了的中国、日本和英国的登山勇士，其中还有一位坚毅的美国姑娘。

这就是世界最高峰，它严峻冷酷，暴戾无常，远非诗人描写的那样富有诗意。而从它的南坡跨到北坡去，或从北坡跨到南坡去，就更不容易了。因为登山家要同时经历南北两侧全部难关，会遇到各种挑战和危险。

1985年，中国登山协会向日本、尼泊尔提议，中、日、尼三国联合组成登山队，从南北两侧同时双双跨越珠峰，在山顶会师。这个建议很快得到对方的热烈响应。

1988年3月3日，三国登山队从北侧率先进入海拔5154米的北侧大本营。

3月16日，北侧队员每人背负十多千克重的东西，沿着东绒布冰川，开始第一次适应性行军。在海拔5600米的一段路上，冰川活动剧烈，道路很陡，常常突然有巨石从两旁山坡上滚落下来，非常危险。登山队员在好几处都是小心翼翼地快步通过，生怕遇上滚石。有几次遇到滚石袭击，多亏及时躲闪，才幸免于难。

条件是这样艰难，登山壮士们就是在这种情况下，分别在海拔5500米、6200米和6500米处建立起一、二、三号营地。然而骄傲的珠峰并不会轻易对人类屈服，可恶的风魔不断撕毁营地帐篷，队员们有好些天被困在里面动弹不得。那风吹得人烦躁不堪，简直要发狂。

3月22—23日，以中方队员次仁多吉等为前驱的三国修路队，抓住大风减弱的机会，奋力打通了北侧道路上最大险关之一的北坳冰墙。这是海拔6600—7029米之间的一道冰雪陡壁，坡度平均50°，最陡处达70°，戴了墨镜看仍是光滑雪白的一片，令人头晕目眩。20年代英国登山队曾有十多人在此丧生。这一次，他们在打通冰墙之后紧接着向北坳顶上的四号营地运输物资，又一次与大风雪展开了严酷的拉锯战。

北坳是位于珠峰和章子峰之间的一个鞍部（山坳），正是一个大风口，狂风不断呼啸，不时有人败退下来。27日，三国所有的运输队员，都在离冰墙顶部仅78米处被风雪无情地刮了下来。时间不能拖延，为了不致延误整个登山计划，队员们终于在29日把将近1100千克重的物资，主要是氧气罐、煤气罐、食品和登山器械，背运到山坳顶部，胜利完成行军任务。这时已有5名队员因病下撤了。

北侧队顶风冒雪艰难运输时，南侧队也同样遇到了巨大障碍。第一道险关是5400—6200米的孔布冰川冰崩区，陡峭山坡上堆满巨大的冰雪块，遍布或明或暗的冰裂缝，有的宽数十米，深不可测，冰崖悬空而立，冰崩、雪崩频繁。4月7日，在海拔6000米的一号营地附近，道路被冰崩摧毁，架在冰裂缝上的许多金属梯子砸进冰缝中。一名中国队员失足跌进裂缝，幸亏他机智地一挥冰镐钉住了冰壁，才幸免于难。11日，又有一名尼泊尔队员在一个深40米的冰裂缝处遇险，幸好被中国队员发现，及时相救而脱险。

4月19日，南侧又出现恶劣天气，狂风卷起冰块砸在帐篷上，队员们被迫用睡袋挡住头部，熬过了一个惊险漫长的夜晚。就这样熬到23日，天气终于出现转机，南侧人抓紧时机，打通了登山路线上的最后一道天险南坳，建起四号营地，但仍比原计划晚了几天。南侧队急了，不得不兵分两路，一路继续攀高设营，另一路加紧运送物资。

4月27日，北侧队员告别大本营，开始第三次行军，向设在北坳下的三号营地进发，在那里等待时机，向珠峰发起最后冲击。

征服珠峰8000米以上才是令人自豪的，那里的高空风速为每秒50米以上，氧气含量只有海平面的1／4，气温常在零下30℃到零下40℃，高空寒风轻则把人冻伤，重则把人卷走。

5月1日，最后一仗全面展开，南北侧第一突击队开始向高山营地进发。北侧队的6名队员从北坳到达7790米的五号营地。与此同时，南侧队的6名队员也从一号营地赶到6700米的二号营地。5月2日，两侧又各自向上一个营地前进。

5月3日，天公不作美，南侧出现暴风雪，突击队一时无法向上攀爬，被困在三号营地，他们急忙用无线电话向北侧队呼叫。人们的心一下子凉了，因为南侧如不能按时到达，那么5月5日登顶会师的计划就可能告吹。当晚北侧队召开紧急会议，决定仍按原计划行动，如果到时候南侧队上不来，北侧队就独自跨越珠峰。南侧队听说后立即表示，他们无论如何也要在5月4日赶到8500米突击营地。

5月4日上午10时，南侧第一突击队终于顶着风雪出发了。不料又节外生枝，这时北侧突击队也突遇暴风雪，动弹不得。上午10时55分，中方队员次仁多吉按捺不住喊道："再不出发，脚会冻坏，还不如上去！"他只身一人顶着暴风雪先走了。令人吃惊的是，到下午3点，次仁多吉报告他已到达8680米的突击营地，两个小时后，全体成员都到达投入建营。这时南侧也传来喜讯，下午6时30分，已相继进入8500米的突击营地。

能否征服珠峰在很大程度上取决于天气情况。三国登山队选择了5月5日这一"最佳气候期"冲刺顶峰。

突击前，一位队员的左脚拇指冻伤感染，肿得像个核桃，再攀高就有坏死被切除的可能。队长关切地问："你是要登顶还是要脚趾头？"

"我要登顶，爬也要爬上去。"

李致新从牙缝里蹦出这句话。这几乎是所有登山队员的强烈愿望，谁不想在人类征服自然的历史上写下精彩的一页，哪怕是用血，用生命。但能上去的毕竟只是少数，每个国家只能派出几名队员。北侧中方队员次仁多吉（藏族）被委以第一跨越的重任，与他同组织担任支援的是汉族队员李致新。

5月5日清晨5点半，李致新在8680米突击营地向大本营指挥部报告："山上8级风，帐篷金属杆都被风刮弯了。"8点30分，风力不减，北侧中、日、尼第一跨越组强行向顶峰突击，随后第一支援组也出发了。迎面就是那道被称为不可逾越天险的"第二台阶"，最大坡度是90°，直上直下。满天风雪，突击队员看上去只是一个个缓慢移动的红点、黄点、绿点，在雄伟的珠穆朗玛峰上，显得那么渺小，时隐时现。

12点42分，次仁多吉一马当先攀上顶峰。他兴奋地大吼："我代表中华民族，代表中日尼三国友好登山队报告，我们上来了！我们的脚下是雪山和白云！"他的声音通过北侧大本营的业余电台直达北京。此后，他与相继上来的日本队员山田升、尼泊尔队员昂·拉克巴，在顶峰上方等候与南侧登顶队员会师，创纪录地停留了99分钟。但由于峰顶上气温极低，三个人再也不能等下去了，便开始实施人类历史上首次在世界最高峰上的伟大跨越——从南侧下山。

14点20分，李致新又是孤身一人，第四个登上地球之巅。并在顶峰为接应南侧跨越队员停留了一个多小时。但他也未能接到，不得不与随后登顶的尼泊尔支援队员一起原路下撤。

此刻，南侧队员正在齐腰深的积雪中拼命向顶峰攀登。他们比原定时间提前一个小时出发，可是由于冰雪太深，他们只得跪着开道。15点53分，中方队员大次仁经过8个小时与冰雪搏斗，第一个从南侧登顶。50分钟后，南侧3名队员与北侧后来登顶的一名日本队员、3名日本电视台摄影记者，终于在峰顶胜利会师。通过卫星传播，全世界都看到了三国勇士热烈拥抱的镜头。

17点整，南侧队员向北侧跨越，最终实现了人类从南北两方双跨珠峰的伟大理想。

驾机探安赫尔瀑布

　　世界上最高的瀑布——安赫尔瀑布，位于南美洲委内瑞拉东部的圭亚那高原峡谷，它的落差是979米，差不多等于美国纽约102层帝国大厦的三倍。但20世纪30年代前，全世界对这个深山巨瀑还一无所知。

　　1935年，一个名叫安赫尔的美国飞行员，为了寻找黄金，来到委内瑞拉。他把大本营安置在一座叫魔鬼山的方山附近。魔鬼山约3000米高。当地的印第安人，对魔鬼山有很多迷信的传说，因为山上常发生大雷雨，他们以为那里是魔鬼居住的地方。

　　在魔鬼山北面有一道曲折的尖底河谷，谷内的河流引起了安赫尔的好奇。他想，也许这河里会有黄金。于是，他果断地把飞机掉转头，在棕色的峭壁间飞进峡谷，想不到这一行动竟使他一举成名。

　　他望见飞机右侧的峭壁上一道瀑布直向下倾泻。更远更高的另一个洞口也有飞瀑渲下，跟着是另一道。再过去是4道并列。飞机再往前飞，沿途左右两边是数不清的大小瀑布。就在飞机绕过一座凸出的山峰时，他瞥见一幅令人难以置信的奇景：一道巨瀑从云里飞流直泻，气势磅礴，流水跌下的吼声盖过了飞机的引擎声。那光亮的"白练"没入谷底的一大堆泡沫里，溅得珠飞玉碎，雾气腾腾。他壮胆飞近，目测估计那瀑布的宽度约在150米左右，高度约为800米。

　　安赫尔的估计相当正确。美国地理学会组织的探险队在1949年测量这雄伟的飞瀑，发现它先直泻807米，流经一处横陈的山崖后再泻下172米，总落差为979米。

委内瑞拉的登山家亨尼和西班牙探险家加当诺，对安赫尔的发现最早感兴趣。1937年，他们俩曾分头勘查了这个峡谷，后来在魔鬼山下安赫尔的"大本营"处碰头，再一起向群瀑所在的山上爬。安赫尔驾驶飞机，负责为他俩作后勤，投下食品和其他爬山必需物品。

亨尼和加当诺取出望远镜向四处观察，看到远处有一大片平坦的草地，于是向安赫尔建议，希望飞机能在那里降落，这样他们就可以走近那些较大的瀑布。三人协议，同意由安赫尔和亨尼去试试，加当诺则留在大本营守着无线电话机，以保持联络。正在营地的安赫尔太太，知道他们的计划后要求让她一起去。

谢天谢地，三个人安全地降落在目的地。但他们没料到草地非常潮湿，飞机的轮子一着落，立即陷入泥淖里，无法起飞，也无法走近瀑布。无可奈何之下，只得把狼狈的情况用无线电通知加当诺，并提出他们将试行逃出的路线。

一位美国商人费尔伯斯获悉这件事，立即响应加当诺的求救信号，租了一架飞机在第二天出发。委内瑞拉军部也派出一架飞机仔细搜索。可惜这一带是地球上最湿的地区之一，天上飘浮着的无数云朵，在山谷中投下许多斑驳影子，使救援者无法在犬牙交错的峰峦间找到那三个渺小的人影。

两个星期过去了，正当加当诺和营救人员陷入绝望时，忽然看见三位探险家互相扶持着踉跄走进大本营。他们一路小心节省粮食，历经艰难，总算死里逃生!但他们的靴子破了，衣服也撕碎了，周身都是伤痕……

安赫尔的那架飞机，直至今日还躺在当年降落的地方。像绝大多数探险家一样，安赫尔除了这个世界最高瀑布以他的名字命名，永远留在地图上之外，并没有得到其他的实益。

安赫尔于1956年12月8日在巴拿马因飞机失事丧生。依照他的遗愿，他的骨灰洒在他发现的这道雄伟瀑布上。

他死后4年，委内瑞拉政府把那架陷在草地里的飞机宣布为国家历史纪念物，以纪念安赫尔和他的发现。

今天，安赫尔瀑布已成为蜚声世界的名胜，但到瀑布脚下实地观光的人始终寥寥无几。人们几乎都是乘坐游览飞机，从空中俯瞰这个大瀑布，即使这样，也还需要一定的勇气。正因为如此，在观光结束之后，空中小姐会发给每一个乘客印刷精美的证书，证明你是游览安赫尔瀑布的"勇敢的探险者"。

用体力征服北极

1986年3月由七男一女和49条训练有素的狗，组成了一支勇敢的北极探险队。他们怀着坚强的信念，冒着生命的危险，决心完全靠自身的力量，以人和狗的血肉之躯，与地球上最荒凉、最恶劣的环境去对抗。

一架飞机穿破铅灰色的云层，静静地停在北极圈处，探险队队长斯蒂格，率先走出机舱。周围的大地洁白而耀眼，无穷无尽的冰山雪原，在阳光的照射下，反射出刺目的光华，前方就是北极之地。

"出发!"一切准备就绪后，队长一声令下，全体队员立即行动起来。狗群分成5队，拉着雪橇，好像一列冒着滚滚蒸气的火车，缓缓向北进发。狗群呼出的热气，形成了一道雾带，不停地向北延伸。

这次远征北极的目的不同以往，他们采用古老的探险方式，不借助任何现代化的交通设备，只凭探险队员和49条狗的力量，到达北极大地的极点。预计这次探险需要跋涉60天，每个人都已准备好接受最严峻的考验，并且宣誓，路途之中不管遇到多么险恶的障碍，决不依靠飞机来帮助逾越，也不能向外界求得更多的其他援助和补给。

充满乐观的探险队在进入北冰洋后不久，立即发现现实比想象中要严酷得多。还刚刚是第一天，他们的行程前方，就遇到一片冰坡阻碍，雪橇在冰坡上无法动弹，狗群在前面竭尽全力地拖拉，队员在后面推，费尽九牛二虎之力，雪橇才一寸一寸地向前移动，不一会工夫，狗和人都已累得气喘吁吁、疲惫不堪。整整用了一天时间，探险队仅向北推进了两千米多一点。

踏上征途的第一夜是令人难以忘怀的。从冰原上吹来的寒风，使

71

气温下降到零下70摄氏度以下。探险队的成员，从来没经历过如此的严寒，每个人的双颊都冻僵了，队员杰夫和布伦特，手指还生了严重的冻疮。在平时，搭一个宿营帐篷是件很简单的小事，但在北极之地却困难极了。严寒使他们的手指失去了功能，动作变得笨拙无比，用双手紧拉住冰冷的尼龙绳索，很快就会冻僵。他们每干几分钟活，就要到外面跑一段路，使身体能产生一点热量。但不管怎样，探险队员还是克服一切困难，终于将帐篷搭好了。

帐篷中，队员们穿着风雪大衣，戴着帽子和连指手套，全副"武装"地钻进睡袋中。他们这样睡觉是为了以防万一，因为在充满危险的北冰洋上，帐篷下的冰面随时可能破裂，穿上整套衣服睡觉，一旦出现险情，就能立即跑出帐篷。

探险队员的睡袋，也许是世界上最厚的睡袋了。但尽管如此，睡觉时依然哆嗦着难以入眠。进入北极的第一夜，队员们就像置身于一个永无穷尽的冰冷地狱一样。

第二天，探险队员分为两组，一组向北探路，另一组留下驾驭雪橇缓缓推进。由于留下的人手太少，再加上每个雪橇自身和装备的重量就有500千克，这样一来，推动力显然不够。为了减轻人和狗的负担，他们卸下雪橇上的一半装备，使前进速度大大加快。但用这种方法，有利亦有弊，他们每前进一段距离后，空雪橇再折回，装上另外一半装备。如此穿梭来回，使探险队的征途路程增加了一倍多。

征途是异常艰苦的，遇上起风的天气，狂风挟着大雪横扫而来，如呼啸的鞭子抽打在队员们身上，队员们的帽子、手套上都沾满了雪，嘴里呼出的热气，在帽檐上结起了一个个小冰柱。

经过4天的跋涉，探险队总共才向北推进了16千米。对整个探险历程来说，这段路仅仅是刚开始，但严寒已在队员身上留下残酷的烙印。37岁的罗伯特，是一名荒野技术教练，因为雪橇在一个陡峭的冰脊上翻倒，鼻子不慎给撞破。在通常情况下，这仅仅是皮肉小伤，可在天寒地冻的北极，却成为令人难以忍受的灾难。现在，他的鼻子又肿又歪，鼻尖上还盖着一团团因冻疮而发黑的死肉。更痛苦的是，受伤的皮肤在解冻、起疱和结痂时，出现了一道道裂缝，不时有黄水脓血从裂缝处渗出，久久不能痊愈。

10天之后，探险队进入到北极的剪切地带，那儿的环境异常险恶，横阻在前进道路上的冰脊一个接一个，有的甚至很陡，这对推拉雪橇来说，充满了危险性。

这一天，罗伯特在雪橇上驾驭狗群，刚刚翻越一道陡峭的冰脊时，突然失去平衡，罗伯特翻倒在地，沉重的雪橇压在他身上，肋骨和软骨严重受伤。

在进入第16天后，带伤坚持工作的罗伯特，不幸又受了第二次伤，已经发炎的肋骨伤势更加严重了。他现在什么都不能干，只能勉强跟在雪橇后面，艰难地蹒跚行走。尽管这样，由于伤势太重，每走一步都会引起伤口震动，带来阵阵剧痛。队员们鼓励他，帮助他，战友们越是关心爱护他，罗伯特越感到自己成为探险队的包袱。为了大局，他含泪要求退出探险队。临别之际，他向全体队员提出殷切希望：千万不能半途而废，一定要到达北极。这番最后的话别，为探险队员增添了巨大的勇气和信心。

现在还剩7个人和42条狗，他们在风雪中继续朝北奋进。4月11日，远征北极的第35天，探险队进入到"冻干玉米雪"地区，顾名思义，那片地区粗糙不堪，雪橇在上面行走得克服极大的摩擦力。这一天，探险队努力了几小时，仅仅前进500米，如此下去，还剩下1个半月的食品供养，绝对无法坚持到完成整个旅程。

无可奈何之下，探险队采取了一系列应急措施，扔掉了不少装备，以减轻雪橇的重量。总算越过了"冻干玉米雪"地段，但情况没有丝毫转机，深厚的积雪和一道道冰脊，使探险队步履维艰。他们在冰脊交错的迷宫里越陷越深。正当大家开始对以后的征程濒临绝望时，在前面侦察道路的杰夫，突然狂舞着双手奔回来，嘴里兴奋地大叫着："我们的运气来了。"

果然，绕过一个冰峰，有一条重新结冰的巨大水道，一直向北延伸。冰面是多么的宽阔光洁，看不到半点障碍物，和以前一个多月的征途相比，在上面推动雪橇是那样的轻松自如，简直是一种享受。队员们感谢命运之神的照顾，忧郁心情一扫而光。

好运气终于结束了，到第45天下午，光滑的路面突然折向东方，探险队不得不重新踏上往北的艰险之路。

4月22日，探险队对北极目标开始了最后冲刺。他们把一个雪橇劈碎当柴烧，再次精简装备，并在原地休息2天，养精蓄锐，以求最后一搏。

一连3天，探险队快速推进。如果一切正常的话，只要一个星期就能达到终点。眼看一切顺利，却不料关键时刻出了大纰漏。原来，负责测定方向的保罗发现，手中的六分仪发生了故障，使他们无法得到精确的方位数据。在这临近目标的时刻，确切的方向显得尤为重要，一旦出现细小偏差，就意味着要多走许多冤枉路。

意外的困难，无法阻止他们勇往直前的信心。探险队决定利用太阳测定方向，就这样，他们又上路了。

4月29日，一架加拿大的喷气式军用飞机，掠过探险队员的上空，并从空中向他们发来电报，询问需要什么帮助。此时此刻，探险队最需要的就是确定精确的方位，但他们在临行前都发过誓，决不依赖外界的任何援助。于是他们坚定地回答说："谢谢，有一点麻烦，但我们能够自己解决。"

飞机带着呼啸声远去，冰原大地上，只剩孤单的几个人和几十条狗。

在毫无方向把握的情况下跋涉，队员们的心惴惴不安。一天又一天，按照行程距离，他们早就该到达目标了，可北极的极点在哪儿呢？如此盲目地推进再也不能继续下去了，因为剩下的粮食只能维持2天左右。于是探险队决定停止前进，无论如何也要把六分仪修好。经过整整一天的努力，保罗终于找出了毛病，原来，在一片精密透镜后面结了霜，由于霜的挤压，读数也就发生了混乱。从修复后的六分仪测量数据上知道，前几天，他们的方向一直偏西，绕了一个大圈。

第55天，离北极只有11千米了。接近成功的强烈刺激，使探险队员们兴奋不已。这时候，周围的景色也变得格外美丽，旭日当空，无数色彩艳丽的光点，被一个虹环连接起来，一片片结着薄冰的水，形成一个个粼粼反光的水池，令人眼花缭乱。

5月2日下午9时40分，北极到了！"轰！"为了庆祝胜利，探险队放了一个特大的爆竹。

尽管这次远征北极，在人类历史上不是第一次，也不会是最后一次，但它的伟大意义是，在人和狗的集体意志支持下，不依赖外界帮助，成功地到达了目的地。对任何人来说，这次远征象征着对信心的一次重新肯定，对人类的精神和不屈不挠力量的重新肯定。

徒步穿越南极

　　1990年3月3日，是非同寻常的时刻。这一天，由中国、美国、法国、苏联、英国和日本的6名探险家组成的国际徒步横穿南极考察队，历尽艰险，几经磨难，历时219个日日夜夜，完成了人类历史上的一次伟大壮举，那就是由西向东徒步横穿南极大陆。

　　横穿南极大陆的科学探险计划，最早是由美国人斯蒂格和法国人艾蒂安发起和制订的。斯蒂格原来是美国明尼苏达州的一名中学教师，热衷于野外探险，在1986年他曾跨越北极。艾蒂安是法国的一位内科医生，也喜欢跋涉在荒无人迹的地方，感受那份征服自然界的乐趣。他们计划从南极最西端的南极半岛出发，穿过南极中心的极点，再经苏联东方站，最后到达东岸的苏联和平站。途中，他们将进行各种科学考察，如记录气温、风速、臭氧浓度等数据。这份计划是以"合作、和平、友谊"为宗旨，目的是保护环境，推动人类和平利用南极。为此，他们将这次探险活动作为世界性大事，参加人员共6人，其中5人分别来自联合国安理会的5个常任理事国，另一名来自日本，由艾蒂安和斯蒂格任队长。

　　这个由来自6个国家的6个人组成的小组，全称是"国际徒步横穿南极考察队"。中国参加这个考察队的是秦大河，42岁，出生在黄河水滨的兰州市。他的父亲出于对黄河的深情，为儿子取名"大河"。也许就是这个名字，注定他一生与高山大河结下了不解之缘。秦大河从兰州大学地理系毕业后，进入冰川冻土研究所。他的足迹遍及中国西部白皑皑的冰川大谷。1983年，他来到地球最南端的南极洲，先后参加过两次南极考察。这次徒步横穿南极大陆，在众多候选人中，他被幸运地选中了。

1989年7月16日，由苏联政府提供一架巨型运输机，载着6名考察队员和20多名新闻记者，以及大量探险器材和42条训练有素的极地狗，飞离明尼阿波利斯。7月24日当地时间下午4点，飞机降落在邻近南极半岛的乔治王岛上。乔治王岛上，中国设在那儿的南极长城科学考察站，作为这次国际南极考察队的前哨基地，布置得像过节一样，中、美、苏、英、法、日6国国旗在长城站上空迎风招展。秦大河见到祖国的亲人和战友，就像回到了自己的家乡一样无比亲切，考察队的客人们，受到了长城站全体越冬队员的列队欢迎。

长城站是1985年建成的，受当时条件限制，长城站建在南极圈外的乔治王岛上。这个小岛活动范围有限，不太便于进行科学研究。1989年2月，我国科研人员又在南极大陆普里兹湾拉斯曼丘陵地带，建立了第二个考察站——中国南极中山站。

秦大河兴致勃勃地领着客人们参观长城站，还向大家介绍树立在长城站面前的"中国少年南极纪念标"，那是1986年年初，两名少先队员吴弘和杨海兰，代表全国少年赴长城站参观慰问时落成的。浮雕正中是醒目的星星、火炬和熊猫、企鹅。

1989年7月28日，6个探险队员各自穿着4.5千克重的特制保暖衣，36条极地狗拉着3架分别载有大量食品和器材的雪橇，从拉森冰架北端的海豹冰原岛峰出发了。那天是风和日丽的日子，蓝天白云下，阳光照耀着雪原，闪烁着刺目的光。出发的时刻到了，一声号令，狗橇猛然向前冲去，几名忙于拍照的记者躲闪不及，被撞倒在地。人类历史上的一次壮举由此而开始。

南极大陆年平均气温是零下55℃，是地球上最寒冷的地方，所覆盖的冰雪平均为2000米厚。而且风特别大，最大风速为每秒100米，相当于台风风速的3倍多，气候恶劣得令人难以想象。

不过，他们不是孤立无援的。一艘特制的破冰船，将在海上与探险队保持最近距离，并为他们用飞机进行补给。美国广播公司派出一个记者组跟踪采访他们，将他们同大自然搏斗的过程，分5次以特别节目形式向全世界播放，千家万户都能看到考察队在风雪中行进的艰难情景。

中国队员秦大河，尽管多年与冰雪为伴，但从来没有在雪原上长途跋涉过，他不会滑雪。看着队友们一个个疾飞而去，他猛撑雪杖，大汗淋漓，仍然落在后边。有一张照片，记录了他滑雪摔跤时的狼狈情景：雪杖飞落，滚出老远。然而，秦大河靠着坚毅的精神，一路行，一路学，终于在半个月的时间里学会了滑雪技术，赶上了同伴们的行进速度。

这时，在他们的行进路上，正面临着一片80千米的冰溶洞区。这片冰溶洞区，到处布满了一个个可怕的陷坑，上面覆盖着厚厚的积雪，底下就是不同深度的溶洞，最深达10多米。8月15日，有一条狗掉进了冰洞，艾蒂安爬到7米深的洞底才将狗救出。由于溶洞的威胁，他们行进得很慢，有时一天只能走几千米。8月27日，他们进入帕默地。帕默是美国一艘捕鲸船船长的名字，是他在1820年时首次发现这块地方的，帕默地因此而得名。

9月，南极进入了夏季，但这里的气温仍在零下43℃左右。怒风夹着大雪狂舞，周围什么也看不清。沿途大团的积雪，不时将装满重物的雪橇弄翻。9月12日，一场暴风雪将帐篷无情地埋没，凛冽的寒风把探险队员困在帐篷里达13天之久，6个人几经奋斗才重见天日。当天队伍出发后不久，前后雪橇就失去联系。秦大河与英国队员萨默斯在弥漫风雪中搜寻了好几个小时，才与其他队员和雪橇重新会合。

作为冰川学家，秦大河还需沿途采集冰雪样品。每天宿营后，队员都休息了，秦大河还要扛着冰钻，拿着雪铲，去采集样品。一路上他采集了数万瓶雪样，并搜集大量有关南极冰川、气候、环境方面的宝贵资料。秦大河比别人付出更多的汗水。他在写给北京的一封信中说："我们几乎是靠毅力，而不是靠体力去完成这些工作的。"

11月初，他们来到南极第一高峰文森峰下的爱国山。在那里，他们补充了食品等。由于天气寒冷，沿途消耗大，他们每天必须吃上约1千克的高能量食物。极地狗在途中也得到优待，以高蛋白的饲料为食，全身还裹着保暖外套。就是这样，还是有15条狗因筋疲力尽，无法继续前进，只好用飞机送回基地。

12月12日北京时间凌晨3点，他们登上海拔2800米的南极点。这时他们已走了137天，历程3205千米。秦大河则是历史上第一个徒步登上南极点的中国人。斯蒂格立即发回电文，电文写道："好哇!我们到啦!"

所谓南极点，就是地球自转轴与地表相交南端的一点，这里的地面上竖有一个金属杆标记，还有一块木牌。上面用英文写着"地理南极"等字句。南极点是个非常奇怪而又有趣的地方，这里没有东西南北之分，无论指向何方，都是北方。围着极点标记转一圈，等于围地球转一周。而且在南极点，所有经线的一端都集中在这里。所以在这儿没有时差，全世界的时间都统一在这一点。加上这时已接近夏至日，太阳24小时不落，你可以任意把午饭叫做早点，或者当成晚餐。

探险队在阿蒙森—斯科特站休整。这座考察站是美国在1975年新建的，主建筑是个底面直径为50多米、高16米的铝制落地圆顶盖，外表看上去就像倒扣在地上的半个大皮球，里面建有3栋两层楼的建筑，包括卧室、浴室、厨房、电脑库、实验室、图书资料室，以及饭厅、酒吧、娱乐室和邮局等。圆顶盖的左右还伸展出两条长长的钢质拱形罩结构，外形像是由许多汽车轮胎拼接起来的，非常奇特。钢罩内设有诊疗所、修配厂、发电厂、贮存库房、气象气球充气处和健身房等，设备非常齐全。

挪威探险家阿蒙森是在1911年12月14日最先到达南极点的；英国探险家斯科特在1912年1月18日登上南极点，不幸得很，在归途中，斯科特和他所率领的探险队全部遇难，成为南极探险史上最悲壮的一幕。考察站正是以他们的名字命名的。

国际南极探险队在阿蒙森—斯科特站休整3天后，继续东征。下一站是前苏联东方站，南极点到东方站之间相隔1250千米，被探险家们视为"不可接近地区"，是南极至今没有任何气象资料的空白地区。一路上都是冰雪高原，而且越来越高，最高的超过3000米。

与天奋斗

过了1990年新年，他们走到苏联东方站。东方站建于1957年，它同1965年创建的和平站的站名，分别取自于19世纪初发现南极大陆的俄国探险家别林斯高晋率领的两艘帆船的船名。东方站曾在1960年8月24日记录到零下88.3℃的低温，这是世界上公认的最低气温记录，因而有世界寒极之称。

他们在东方站稍事休息后，又向下一个目的地进发了。他们顶风冒雪，穿越辽阔而又白雪皑皑的玛丽皇后地。1912年2月，一支澳大利亚探险队首先到达这儿，所以该地就以英国女王的名字来命名了。

1990年3月3日北京时间21点零2分，这是一个不寻常的时刻，这6名探险家组成的国际徒步横穿南极考察队，跨越了数不清的冰隙，一次次死里逃生，终于风尘仆仆安全抵达戴维斯海滨的苏联和平站，完成了人类历史上第一次路线最长也是最惊险的徒步横穿南极大陆的壮举。热情的和平站人员用彩色布条做成一根漂亮的终点标志线。几十位现场记者和亿万电视观众，激动地目睹了站在终点线上的6位勇士紧紧拥抱……每个人的脸上都留下了冻伤的累累斑痕，就像南极大陆上的坑坑洼洼。6条好汉热泪盈眶，每个人都身披一面自己国家的国旗——从左到右分别是太阳旗、米字旗、五星红旗、星条旗、三色旗和镰刀斧头旗。这是一幅代表人类团结合作，再次胜利征服南极的动人画面。秦大河在写回祖国的信中说："我不仅代表了中国，也代表了海外华人，代表了发展中国家……"他们的探险壮举赢得了全世界人民的注目和尊敬，并将载入史册。

中国南极探险勇士秦大河，以坚韧不拔的毅力，经过为期7个月、5984千米的跋涉，成了举世瞩目的英雄。秦大河4月5日晚乘飞机回到祖国，在首都机场受到了祖国人民的热烈欢迎。

驾车环球历险记

雷建共出身在上海一个普通工人家庭里，从小好动，十分向往充满传奇色彩的探险生活。为了实现理想，他刻苦学习，成绩名列前茅，而且坚持锻炼身体，酷爱多项运动。1979年，他从复旦大学毕业后，就雄心勃勃计划驾车环游世界。

6年后，在上海机械学院当老师的雷建共，成为美国印第安纳州大学社会学系的一名博士研究生。从抵达美国的第一天起，周游世界更成为他的一种不可抑制的渴求。他捧起权威的《吉尼斯世界之最大全》，看见一个个环球探险家的纪录：步行、自行车、摩托车、航海……就是不见驾驶汽车，也没有见到一个同胞的姓名。他下决心要创驾驶汽车环游全球的世界纪录。

雷建共为此做了3年艰苦准备：他大量阅读各种有关环球旅行的书籍，办理签证和汽车入境手续……

最主要的准备工作自然是筹资。这次探险估计得花5万美元，这对一个两袖清风的书生来说太困难了，他只能依靠打工挣钱，省吃俭用，含辛茹苦地积攒了三四万美元。他只花了新车的1／10价钱买了辆旧"丰田"；买不起昂贵的紧急呼救器，就买一只指南针代替。为了锻炼体力和考验车辆，他几次连续24小时开车，还学会自己动手拆车、装车、修理小故障。经过严格的考试，领取了国际驾驶执照。

1989年2月20日，印第安纳州的布卢明顿市，细雨霏霏。32岁的雷建共，在妻子和朋友们的热情送行下，启动那辆棕色旧"丰田"，开始了题为"和平——驾车环球一周"的漫长的探险旅行。几个中国留学生扯起横幅，为他的壮行打气："雷建共，好样的，为国争光!"

这是一次充满坎坷与艰辛的旅行。他驱车东行，经纽约出美国国境，漂洋过海到达欧洲大陆的葡萄牙。不料托运的汽车却被误送到比利时，害得他白白在葡萄牙等了3星期，计划全被打乱……

经过葡萄牙——西班牙边境时，因车速过快，穿迷彩服的边防兵没看车后的牌照，当即跳上吉普车举起冲锋枪向他瞄准。他慌忙刹车，跳下车向他们解释原因并出示证件，对方总算高抬贵手放行。

他连人带车乘船南渡直布罗陀海峡，首程北非大陆摩洛哥。

3月底，雷建共重返欧洲大陆，他取道袖珍小国安道尔准备去法国。在安道尔，他的汽车再次被拦住。汽车满是尘土，警方怀疑他是个毒品走私犯，不巧的是又查出他携带的用以增强体力的人参粉，误认为是毒品，因此他被拘留了。他竭力辩白，但在责任心挺强的边防官员面前，这是枉费口舌。雷建共只得耐心等待，直到经过化验，误会消除，他才能离开。这样又冤枉地耽搁了七八个小时。

雷建共游历了神往已久的花都巴黎。北上荷兰阿姆斯特丹，正遇上数万市民狂歌劲舞欢庆女王生日。路过联邦德国的汉堡，他又应邀参加当地举办的龙舟赛，领略了五光十色的异国情调和风土人情。

他继续驱车穿过中欧、南欧，于5月下旬进入西亚的土耳其。当天晚上，11点多，他走进土耳其西部重镇伊兹密尔的一家餐馆，点了一盘牛肉和一碗黄豆，就着饮料狼吞虎咽吃了起来。忽然从门外进来几个当地青年，抱着一卷地毯向他推销。雷建共一再表示无意购买，那伙人留下地毯走进了厨房。过了一会儿，那伙人从厨房出来，一口咬定地毯被雷建共的菜汤弄脏了，不买也得买!雷建共气得拍案而起，立即被雨点般的拳头打翻在地，衣袋里270美元全数被抢光。雷建共捂着伤口从街上拉来两名警察，但当地的警察只让对方拿出100美元还给他，便把他推出门外。

惨遭殴打的雷建共牙床不能咀嚼，仿佛被打碎了。这一夜他钻心地痛，坐在车厢里整夜失眠。还往前走吗？雷建共的思想斗争很激烈。第二天，当太阳升起来时，他又重新鼓起了勇气，吃一堑长一智，总结餐馆那场血的教训，从那天起，他每到一地留宿，总是先把现钞、支票、护照等装进一个小塑料袋，然后藏到路旁隐蔽处。这样即使再遭劫，也不至于山穷水尽。可他怎么也没想到，这个他自以为聪明透顶的"新绝招"，差点葬送了他的远大前程。

第三天他到了土耳其东部，傍晚遇到一座村落投宿未成，继续往前开。哪想到，空旷的荒野前不着村后不见店，行至半夜十分疲倦，就停在路旁休息。恍惚中看见月光下4条黑影向他逼近，正待翻身跃起猛踩油门逃跑时，一支冰冷的枪管已经敲碎车窗抵住他的太阳穴，逼他开车。无可奈何，他在大山深处摸黑转了一个小时。这4个人大概是当地反政府游击队，没有伤害他也没有抢劫他。雷建共惊得魂飞魄散，要命的是他那个装着要紧东西的塑料袋藏在路旁的石头下。人生地疏，又是黑夜，还能找回吗？他死命记住开过的每一个岔口、每一道山梁……等4条大汉下车消失后，急忙掉转车头往回开。谢天谢地，他总算没迷路，找到了那块"压宝"的石头。当雷建共捧起完好无缺的塑料袋时，他瘫倒了……

在不准外国汽车入境的伊朗，雷建共被警察押送着以"最快速度"开过滚烫的沙漠，驶出国境。途中不给时间用餐，到半夜他只能吃放在后车舱已被太阳烤得变质的罐头，害得他上吐下泻发高烧，全身虚脱。

然而，这次环球探险旅行，除了遇到种种灾难外，也赢得了不少友谊。当他车子抛锚、缺水，遇到各种困难时，不同肤色的人常常向他伸出友谊之手。

考虑到经费和安全问题。雷建共决定直接走伊朗、巴基斯坦回到中国。6月上旬，他来到正值雨季的巴基斯坦。"丰田"车艰难地在崎岖不平的道路上行进，忽然被一条洪水猛涨的小河阻挡。他和当地一群卡车司机无可奈何地等了几个小时，水退了一些，一些性急的卡车司机冲着水流哗哗地趟过去了。谨慎的雷建共下车试了水深，又察看满是鹅卵石头；不能熄火，以防水倒灌。为保险起见，他又请了一个搭车者替他驾驶车辆，以保证自己能随时对付危急情况。"嘣嘣嘣"一阵摇晃颠簸，矮矮的小轿车猛冲过去，到快上岸时陷进了河滩，经巴基斯坦朋友都忙抬车才算脱险。

6月19日，雷建共沿着中巴友谊公路，一口气冲上海拔5000米的喀剌昆仑山。他与汽车都出现了高山反应，汽车抛锚，他也头晕呕吐。下山后，他驾车穿过素有"进去出不来"之名的塔克拉玛干大沙漠。当他到达西陲重镇喀什汽车修理站时，轮胎已磨损得不能再用了，原有的一副备用胎早已用完。热情的工人毫不犹豫地从当地仅有的一辆"丰田"出租车上拆下轮胎给他换上。

在甘肃的黄土高原上，命运又为他设下最后一道险关。他的汽车沿着泥泞山路盘旋而上，因车轮打滑，一下坠入右侧山谷，幸好被一棵树挡住，否则将出现一幕车毁人亡的惨剧。盛夏里的7月10日，风尘仆仆、面目全非的雷建共，驾驶着这辆后部被撞瘪、凹进一个大窟窿的"丰田"进入故土上海城。

雷建共在上海停留两周。接着取道日本，最后在美国西海岸登陆，9月21日下午回到原出发地——印第安纳州的布卢明顿市。在7个月时间里，他用沾满尘土的车轮，经过美、欧、亚、非4大洲32个国家，完成了他少年时代的梦。他是独自驱车环球旅行的世界第一人，也在世界探险史上添写了由中国人创造的纪录。

向万米深海沟挑战

　　1960年1月25日，在波涛汹涌的西太平洋，驱逐舰"路易斯"号正在乘风破浪驶向菲律宾以东的马里亚纳海沟。这是全球海洋中最深的一条海沟，全长2500多千米，平均宽70千米，水深8000多米，最深处在海沟的南端，叫"挑战者深渊"，因1951年英国海军海洋调查船"挑战者"号第一次发现而得名。

　　整个大气圈的重量压在地球表面所产生的压强只有一个大气压。水深10米就要增加1个大气压。一般的潜水艇只能在几百米深的海底活动，怎样才能征服这个万米深渊呢？

　　准备下潜的皮卡德胸有成竹，他是瑞士科学家奥古斯特的儿子。1932年，奥古斯特·皮卡德和琼·皮卡德兄弟两人曾乘坐自己设计制造的气球，升到1.7万米高空，在缥缈的空中，奥古斯特忽发奇想，可以把气球的升空原理应用到深海潜水探险上去。他想，正像在气球内装入比空气轻的气体便能升空一样，只要在深潜器内装进比海水轻的汽油，也一定能从不管多深的海底浮上来。

　　第二次世界大战后，奥古斯特终于发明制造出世界上第一艘深海潜水器。不久，他又去意大利设计制造出另一艘更先进的"的里雅斯特"号深潜器。

　　"的里雅斯特"号在1953年的首次潜水就创造了3150米的世界最深潜水纪录。现在，它被拖在一艘海军拖船后面，紧跟"路易斯"号驶向目的地。

　　8点32分，时钟记下了这个历史性时刻——"的里雅斯特"号的压截舱进水下沉。此刻深潜器载着两位勇敢的探险家，走向一个遥远的、越来越黑暗的未知世界——在他们之前，谁也不认识"挑战者深渊"的真面目。

下潜非常迅速，仅仅过了10分钟，已降到约90米深。这时遇到水温突然剧降的"温跃层"，这层冷水的密度比刚才通过的那层暖水大，浮力较大，"的里雅斯特"号突然停悬在海中。皮卡德预先早已料到会出现这种情形，他们放掉少许汽油，又开始下潜。

到180米深，进入"半阴影区"（太阳光能贯穿海水的最下区），所有的颜色都变成灰色。下潜到300米深时，所有光线都消失了。他俩熄掉潜水器灯光，希望能看到有趣的发光生物。这时下潜的速度约每秒1.2米，舱内越来越冷，当下潜到670米深时，第一批闪烁着磷光的浮游生物出现在舷窗前，闪闪发光。

下潜到7300米深时，瓦尔什叫皮卡德注意看深度计。他们已经打破了以前的潜水深度纪录，互相挥手祝贺。8200米深，他们抛掉一些压舱铁球，把下沉速度调为每秒0.6米。他们对此处海流和海底地形不大了解，所以不想冒险。

接近9100米深时，两人突然听到并感觉到一阵低沉有力的爆裂声，球形舱一声震动，很像在陆地上遇到的轻微一震。发生什么事了？还没到海底呀!是海底地震还是深潜器出毛病了？皮卡德和瓦尔什大惊失色，焦灼地等待着，却再也听不见声响，也看不见什么。

他们想，还是小心点为妙，于是再抛掉些铁球，把下潜速度调整到每秒0.3米。这样慢悠悠地降到约1万米深，预计离洋底不远了。皮卡德打开回声探测仪，但没有任何显示。继续下潜30米后，还是没有显示。中午12点多，到达10973米深，依然没有探到洋底，皮卡德焦急起来。他皱着眉问瓦尔什是否仪表会出问题。他们又把速度调整为每秒0.15米，这样的下潜速度，使他们感到时间和距离都过去得很慢，也使他们第一次感到未知之境的恐惧。

瓦尔什的眼睛一直不敢离开探测仪，皮卡德则拧亮水下灯不停地监视外面。最后，到11430米深，测深仪总算探到接近洋底了。瓦尔什赶忙给皮卡德读出仪器上指出的读数："30……20……10……"念到

"8"时，皮卡德说他已看到灰白的洋底了！水下灯射出两股明亮的光柱，人类的光明第一次照亮了永远黑暗的"挑战者深渊"，一个陌生而奇异的世界开始展现在两位探险家面前。

瓦尔什事后回忆说："我们在清澈的水中潜近洋底，运气真不错。皮卡德从小舷窗望出去，看到一条鱼。它好像是在沿着洋底找寻食物。那条鱼体形扁平，眼睛生在头部侧方，看来像是一条鳎或鲽，长约30厘米。我们发出它从来没有看到过的照明灯光，还进入了它的活动领地，但似乎完全没有惊动它。我们注视它1分钟后，它才缓缓游出我们灯光照射的范围，在黑暗中消失。这条鱼终生都在巨大的压力下生活，真使人啧啧称奇。"

下午1点10分，"的里雅斯特"号缓缓落到洋底上，搅起一片淤泥，一霎间变得什么也看不清。瓦尔什用水下电话发出4响声音，这是到达洋底的信号。虽然他不指望水面上的同伴能够听到，还是对着通话机激动地喊："万丹克，万丹克，这是'的里雅斯特'。我们在挑战者深渊海底，水深11512米。"

出乎意料，"万丹克"号船上竟听清楚了。电波很快传遍全世界。从此，海洋再也没有人类的禁区了。皮卡德和瓦尔什填补了深海探险史上的最后一个空白。

当海底淤泥澄清时，皮卡德看到第二个生物，像是只小虾，颜色鲜红，长约30厘米，在泥水中浮游。多少年来，争论不休的谜——深海底部有没有鱼类，这时迎刃而解了。

10分钟后，海水恢复清澈。当皮卡德打开尾部灯光时，瓦尔什猛然发现进口通道的舷窗上方有一行行裂纹，由一边直裂到另一边。他们吓了一大跳！看来这是由于高压下产生变形引起的，当初他们感到地震似的响声就是这个原因。在万米深海下，球形舱外壳上要承受1100个大气压，整个球外表受力15万吨！使得球壳直径也缩小了2厘米，难怪舷窗玻璃出现裂痕。

由于这个事故，他们在洋底只停留20分钟，决定提前回去。他们赶快抛掉两吨铁球。下午1点半，"的里雅斯特"开始往上浮。下午4时57分，"的里雅斯特"号钻出太平洋海面。整个探险过程约8小时半。

15分钟后，皮卡德和瓦尔什钻出球舱，爬上甲板，向欢迎的人挥手致意。护航的飞机在蓝天盘旋，向胜利者庆贺。几千米外的驱逐舰向深潜器疾驶而来，迎接这两位探险勇士。

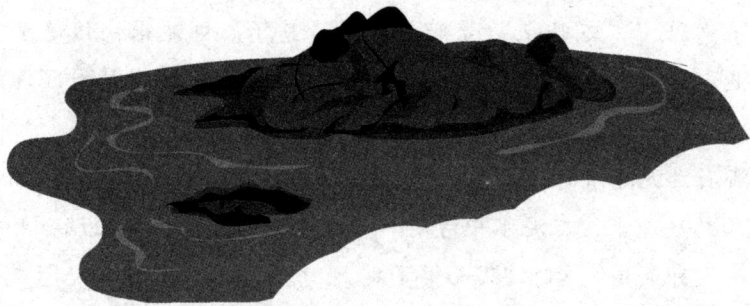

小帆船进军北冰洋

1903-1906年间，挪威探险家卢阿尔·阿蒙森驾驶一艘摩托艇，终于通过了北冰洋西北航线环绕北美大陆的航行。80年后，有两个年轻的加拿大人，勇敢地向阿蒙森当年的纪录挑战。他们要操纵一艘没有动力只有帆和桨，仅靠大自然赋予的风力和人力行驶的小帆船进军北冰洋。他们能行吗？

这两人叫杰克·麦克英尼斯和迈克·比戴尔。这艘非凡的小船被称为"感觉"号。1986年7月20日，"感觉"号在加拿大西北境的马更些河口滑入波弗特海。幸运的是，他们在航行开始时一帆风顺，波弗特海风平浪静，完全用不到去测定风的大小。然而，他们清醒地知道，世界上再也找不到比这儿更支离破碎的地形了，这条海路简直像是个巨大的迷宫，布满了数不清的岛屿和曲曲折折的海湾、海港，一年中有大半年被冰封冻的海峡，即使在短暂的通航季节，也常常会遭到无处不在的冰山和浮冰的袭击。几百年间不知有多少英雄好汉葬身于极地冰海之中。

"感觉"号是一艘五六米长的双体帆船，航行时全部沉没在水中，这是为了保持船的稳定。船中间扯起两面三角帆，红、黄色相间，黄底色衬托出醒目的红枫叶图，这是加拿大的标志。船体没有船舱，也没有甲板，携带的东西就放在两个船体之间的支架上。用支架撑起的左右舷，实际只是两个板凳似的座位，供他们两人坐着划桨。

从剑桥湾到安妮湾是全部航程中最艰苦最危险的一段。尽管是夏日，气温仍在零下12℃以下；寒流袭来甚至低达零下35℃。短暂的夏季过去了，严酷的冬季降临，使他们的航行速度急剧下降。比戴尔是个络腮胡子，呼出的热气很快地在他的大胡子上结满冰霜。

1987年，他们在到达维多利亚海峡时，被一望无垠、层层叠叠的浮冰围困了12天之久。两人登上8米多高的桅杆，寻找继续前进的道路。结果不得不绕了一个100多千米的大圈子，才得以继续前进。

其实所谓的航行，在很多时间并不是船载人，而是人拖船。为了从维多利亚海峡的浮冰群中突围出去，几乎整段航程都是麦克英尼斯在前，比戴尔在后，一步一步拖住"感觉"号在冰面上滑行，艰苦卓绝，难以用语言来形容。幸亏他们有预见：事先把船底做得很尖，宛如冰底的两把锋利冰刀，大大减少了摩擦力。同时帆船尽量"轻装"，携带的必需设备和生活用品仅114千克，每天只吃680克高营养热值食品，如奶粉、干果、乳酪等。

食物可以少吃，水却不能不喝。浮冰表面在太阳照射下融化，他们常常趴在浮冰上用嘴凑上去大口大口地喝水。

他们在宿营地也多次与北极熊相遇。有一次，一只巨大的北极熊竟然大摇大摆地走到他们的帐篷旁，躺在睡袋里的"勇士"为此大惊失色。

当第二年夏季结束时，他们距目的地只剩下最后的800千米。

第三年来到了。1988年8月，帆船经过萨默塞特岛东北突出的克拉伦斯角，这是一个有几百米高的棕色山岩，岩缝里还残留着未融化的积雪，气势磅礴壮观。接着他们又穿过兰开斯特海峡。17日，在经过3680千米的3年艰苦航行后，他们操着双桨终于驶进这次探险目的地——巴芬湾。这时，一直肆虐无忌的狂风忽然平息下来。"胜利了！"麦克英尼斯和大胡子比戴尔高兴地搂抱在一起。

铁脚女"横行"澳大利亚

英国姑娘菲奥拉·坎贝尔，被人们誉为"步行勇士"。她13岁的时候，就梦想步行走遍世界。当时人们对她的想法付之一笑，就像对所有13岁的孩子们的梦想一样。可是坎贝尔是认真的，14岁后她就不再上学，16岁时步行纵贯英国1600千米的国土。18岁时，她横穿美国，用自己的一双铁脚，走了5600千米。一次，她站在美国西海岸的终点上，面对着浩瀚的太平洋，遥望澳大利亚，决定了3年之后进行一次伟大的徒步跨越。

1988年9月11日，悉尼的邦迪海滩，21岁的坎贝尔脱掉鞋子，光着脚走向大海，高高举起胳膊，皮肤上晒得满是褐色的斑痕。她把一张写着"起点"的长纸，一扯两半，背向邦迪海滩，就像以前每次出发前那样，自己对自己鼓气说："别害怕，你不过是去散散步!"

出发前，坎贝尔对记者说，她想打破以前由他人创下的96天步行穿越澳大利亚的记录。这样，她必须每天走80千米，每星期走6天，剩下一天洗衣服。她从东海岸的悉尼出发，经过堪培拉、墨尔本、阿德莱德，然后穿越辽阔的纳勒博平原，直抵西海岸的珀斯。她说她的最终目标是成为世界上第一个徒步跨越世界的女人。另外还想为援助世界贫困儿童的活动募集一些钱。她的步行计划得到了一些私人公司的赞助。

有辆小货车陪伴坎贝尔走完全程。志愿担任司机的是24岁的美国小伙子戴维。坎贝尔对他的工作要求是："3个月坐在小货车里，时速6.5千米。无论停车还是上路，协助处理公共事务，吃住都在车上，没有报酬，但却会有令你满意的冒险经历。"

启程的第一天，坎贝尔开完记者招待会，计划还要走40千米。许多人陪伴她走完最初的10000米。天气很热，坎贝尔穿着短裤和背心，沿着公路雄赳赳地大踏步向西走去。一路上无数飞舞的苍蝇不断骚扰坎贝尔，她不得不用一大块白布把整个头部包了起来，只露出一双眼睛。为了躲避白天的炎热和苍蝇，以后坎贝尔把步行的时间大部分安排在较为凉爽的晚上。

9月18日，不过才走了8天，当地的昼夜气温差别很大，晚上坎贝尔冻得发抖。她开始感到孤独，腿像要断了似的疼痛，十分难受。

第十天，她需要爬一个陡坡。坎贝尔右腿胫骨受过伤。现在疼得直想大叫。她脱下鞋，活动一下脚，并开始按摩胫骨。渐渐地，按摩变成了重捶，而且越来越激烈，她真想找一块石头猛击自己一下。她看见路边那些尖利的石块，甚至还有玻璃渣，于是就光着脚，让那些石头刺痛脚掌来分散对右腿疼痛的注意力，终于走到了陡坡的顶部。没有想到，下坡更加陡直，她越走越快，简直控制不住自己的速度。她除了蹦跳着下坡之外，没有任何办法。这就更加重了右腿的痛苦，这时戴维的车子从后面缓缓超过她，滑到坡底。坎贝尔示意停车，但车已开过了头。40分钟后，她才走到停车的地方。这是一段无法形容的痛苦历程。这一天，她没有再走一步路，而是到公路边的一个酒吧喝了个痛快。

到了第19天，为了减轻腿部的痛苦，坎贝尔的鞋里加了软垫。但是她没有想到腿疼会更加剧烈，几乎走不了路。医生发现，她的脚掌下面有几个脓疱，由于老皮太硬太厚，脓水挤不出来，而走路时体重对脚掌的压力，使脓水在皮下扩散造成剧痛，于是就用针在脚掌上戳洞，把大部分脓液挤出来，剩下的再用注射器抽。坎贝尔痛得猛烈颤抖，大声叫喊。她一瘸一拐地走出房间，用力抹去泪水，自我安慰说："过去了，所有的痛苦都过去了。"

11月9日，坎贝尔终于踏上了纳勒博平原。这是在北部的维多利亚大沙漠和南部的澳大利亚海湾之间一大片气候干燥、极其荒凉、几乎毫无生命的平地，面积有19.4平方千米，一望无际，完全没有树木，只有古老河床的遗迹，恐龙时代的化石和土著人穴居时代石灰岩洞穴的气孔。坎贝尔走的是与新公路平行的旧路，远离那些卡车、小汽车。这时她的脚伤已好转。她以一个征服者的姿态走着，感到步伐轻快。

坎贝尔在路上邂逅了另一位探险者、22岁的日本人佐藤直泰。这位日本探险家计划用足蹬轮滑鞋横穿澳大利亚大陆。他从珀斯出发，已度过了62天。由于单人行动，困难重重，前进时不得不自己背起23千克重的行囊。每当卡车从身旁驶过，很容易失去平衡而跌倒。他伸出掌心，上面的伤口已大片溃烂，这是跌倒时用手撑地被碎石磨破后造成的。他的膝盖上满是厚痂，也是摔倒挫伤后结起来的。他平均日滑行30千米，其余时间他不得不在露天搭起小帐篷，在骄阳下煮饭、睡觉。显然他的境遇要比坎贝尔更糟糕。但当坎贝尔握着他的手时，没看到他有任何想要退缩的迹象。他们一起走进咖啡屋，买了几听可口可乐庆祝互相认识。佐藤的勇气给坎贝尔增添了力量。

戴维和坎贝尔已成了好朋友。有一天，佐藤喝酒喝得太多，沉睡不醒，坎贝尔只能一个人先走了。

11月10日凌晨，一辆汽车照着她的背影足足一个多小时，显然一直跟着她。突然这辆车开到前面停了下来，两个男人朝她走来问道："你带钱了吗？"

"站住！别过来，你们要干什么？我是在搞慈善步行活动，没有钱。"坎贝尔一边说，一边趁他们不注意的当口，一阵风似的跑进黑暗中，摆脱了两名"要钱人"。这时，她听到心脏咚咚地急速跳动声。回到公路上，坎贝尔仍觉得呼吸极其急促而沉重。3个小时之后，身后又出现了灯光。坎贝尔赶紧再躲进灌木丛，扯下一大把枝条，并尽可能多地拣了些石头以防万一。灯光越来越近，当她看清是戴维的车时，才放下心来。

第95天，12月14日，坎贝尔实现了她的目标，到达珀斯港，打破了徒步跨越澳大利亚大陆的纪录——无论是男人还是女人的。在记者和观众的面前，这位21岁的英国姑娘光着脚走进了另一个浩瀚的大洋——印度洋。她的下一个目标是非洲。她打算耗时12个月，从非洲最南端的开普敦一直走到最北端的开罗。然后是欧洲。实现了这些目标之后，坎贝尔就是世界第一个徒步跨越世界的女人了。

独闯大沙漠的人

在英国兰开郡，有一个少年曾被《圣经》连环画里关于沙漠的故事深深吸引，从那时起，他就梦想有朝一日能够骑着骆驼，游历戈壁荒漠。然而，他的这一梦想一直到他40岁时才得以实现。

年届40岁的特德被炼钢厂解雇了。这种年龄被解雇，实在是太糟了。几个月来，他东奔西跑，仍然一无所获。这时，一本描述弗里沙漠历险的书勾起了特德少年时代的野心。于是他下定决心要向沙漠进发，这是他征服目前这种悲惨境地的开始。

找来阿拉万至瓦拉塔地图，特德仔细预算了一下，探险要花费大约1500美元，这对失业数月的特德来说，显然是笔天文数字。特德只好求助于新闻界，最后，英国广播公司西北电视台的阿历斯慷慨相助，他送给特德一部摄影机和录音机之后，就到目的地瓦拉塔去等候了。

1983年2月6日，特德带着他心爱的两匹骆驼特拉和佩吉上路了。为保存骆驼的体力，特德一开始坚持步行。

行程是十分艰难、寂寞的，还时时会有危险出现。就在特德独闯西撒哈拉的第四天，他的4个大水罐有一个不见了，整整11公斤的水被夜晚的流沙吞噬了。现在他只剩下23公斤的水，却有483公里的险路要走。他几乎没有备用水了。

可是，麻烦接踵而来。一场忽然而降的暴雨向他袭来。在与暴雨的博斗中，特德的两匹骆驼走失了。沙漠行走没有比丢失"沙漠之舟"更为可怕的事情了。他漫无目标地在四周寻找了几个小时，仍不见骆驼的踪影。突然，他想到骆驼要走出这个谷地的话，一定会在陡峭的坡面上留下脚的痕迹。果然，他追踪足迹，找到那两只被雨水淋透的骆驼。特德转忧为喜。

　　骑上骆驼，特德继续赶路。阳光透过薄云射向沙漠，沙漠被烤焦似的，宛若蒸笼。时过中午，骆驼不肯再走了，特德无奈地爬上佩吉的鞍子，苦苦哀求无用，便用力抽打它的屁股，结果特德被狠狠地摔了下来。第二天，一阵狂风卷夹着蜇人的沙粒又袭击了特德和他的骆驼。他们摇摇摆摆好不容易跑进了一块灌木丛地带，逃过了这场灾难。

　　就在特德走完了撒哈拉之行的一半路程时，他的骆驼佩吉调皮地踏扁了一个水罐，等特德发现跳过去抢水罐的时候，最后几滴水已一点点地渗进沙地，消失了。特德绝望地躺在沙地上，想着各种各样的死法：仅存4公斤的水，是无论如何也不够他走完后一半路的。

　　但是，特德还是艰难地踏上了路程。在危机四伏的阿克尔地区，特德却发现了沙丘后的一片平原，走过这段平原和后来出现的锈迹斑斑的铁矿层后，特德仔细地盘算了一下：如果继续向瓦拉塔走去，需要3天，那无异于自寻死路。最后，特德改道向阿默萨尔走去。它是位于瓦拉塔西北的一个水井区，到那儿只需2天时间。

　　特德趁夜晚凉爽上路，白天休息，就这样走了一天之后，特德喝完了最后一滴水。按计算，第二天应该走到阿默萨尔了。可特德还没看到任何人类的踪迹。终于，他找到了一串新鲜的骆驼脚印，跟踪这串脚印，3顶帐蓬出现在特德面前，他终于得救了。

　　当夜，特德歇息在游牧人那里，他们给了他3公斤半的水。第二天，特德按游牧人所指的方向继续向瓦拉塔走去。几天之后，他来到一座悬崖边上，特德顺着旁边一条山谷走进了一条峡谷。走了一个多小时，特德才发现这是条死胡同，他只好返回谷地。第二日清晨，特德又回到进入峡谷的地方。早餐的时候，特德不得不喝掉最后一点水，然后，他骑上了也在不断呻吟的骆驼。此刻，他所能做的就是保持自己不掉下鞍子，任凭骆驼把他带向天涯海角。

　　就这样不知过了多久，终于走到了峡谷的尽头。特德依稀看到一群人和一群骆驼，还有一口水井。瓦拉塔终于到了！

　　这次大撒哈拉之行历时18天，特德为此整整掉了27公斤的肉！

◎ 挑战命运 ◎

凡是生活在地球上的人，在前进的道路上总会遇到各式各样的艰难险阻。特别是"厄运"袭来时，有些人在退却中哀叹自己"命运不佳"，有些人却勇敢地向"厄运"挑战——胜利只属于不畏艰险的人……

鲁滨逊漂流记

　　1632年，鲁滨逊出生于英国的约克城。鲁滨逊从小就对探险充满了兴趣，一心想出海遨游四方，虽然他的父亲想把他培养成为一个律师，为此，两代人之间常常发生争辩。

　　1651年的一天，鲁滨逊在赫尔城偶然遇到一位朋友，这位朋友约他到海上去冒险。对于鲁滨逊来说，这是一个值得纪念的日子，这一天决定了他的生活道路。

　　1651年9月1日，鲁滨逊瞒着父母，与朋友一起搭上了去伦敦的船。此后，他在海上漂泊的几年中，遇过无数艰难险阻。第一次出航，他就在雅木斯附近海面覆舟。第二次又被海盗掳去，给海盗首领当了两年奴隶，好容易才死里逃生。最后，由一艘葡萄牙商船救起，把他载到巴西海岸。

　　在巴西海岸，他与一位糖厂老板交上了朋友。在他的帮助下，鲁滨逊开辟了一片种植园。他把种植出来的烟叶委托曾经救过他的那位船长运到英国去卖，顺便又让船长捎回布匹、粗呢之类的工业品。本来他完全可以靠此发财致富的，可他却偏偏受不住几个商人的诱惑，答应一同到非洲去干一趟贩黑奴的买卖。

　　就在8年前离家出走的同一天，鲁滨逊乘船离开了巴西。他的船载重120吨，装着六门小炮。他们的船沿着海岸向北开，大约用了12天的时间，才过了赤道。可就在这个时候，他们又忽然遇到了一股飓风，船被风卷来卷去，一连12天。除了风暴的恐怖之外，船上已有一人患热带病死去，另有两人又被大浪卷到海里去。死亡的阴影笼罩着大家。

就在这危急时刻，有一天早晨，船上的人忽然发现不远处有一块陆地。就像是受命运的故意捉弄，船突然搁浅在一片沙滩上，再也动弹不得。掀天的大浪不断地打在船上。鲁滨逊和大家一起奋力解开小艇，拼命爬了上去，企图死里逃生。

小艇还未划出一英里，一个巨浪就把小艇掀翻了，所有的人统统被卷入海里。

鲁滨逊在海里挣扎着，最后，一个巨浪把他摔在一块石头上，他死死地抱住这块石头，直到完全失去知觉。

水终于退下去了。鲁滨逊苏醒过来，他艰难地攀上岸边的岩石，跑上陆地。他向大海眺望，那只搁浅的大船正在烟波弥漫之中。经过这场风暴，他的同伴都已葬身海中。

他继续往里走，居然找到了一些淡水。喝完水，他又摘了点烟叶充饥，然后爬到一棵树上准备休息一会儿。

等他醒来，已是第二天天明时分，这时他已是饥肠辘辘。便从树上爬下来，泅水到大船上。他在船舱里找到了甘蔗酒和饼干。吃完之后，他便开始动手，在船上找了一些木块，把它们扎成一只木排，又把一根桅杆锯成三段，加在木排上，增加它的浮力。然后，他把船上的食品、工具及枪支弹药，搬到了木排上，趁风平浪静时划到了岸边。

接下来，他开始察看地形。这时，他才意识到自己原来是在一个小岛上。以后的13天，他到船上去过11次。他把船上所有用得着的东西统统搬了下来。当他搬完第12次回到岸上后，大船便消失了。

看来只好在岛上安家。他先到树林里砍下许多木桩，然后围着他住的地方打了一个圆形栅栏，并用一架短梯来解决进出问题。这样，不管是人是兽，都无法冲进来。

他在一个木制的大十字架上刻上了几个字：我于1659年9月30日在此上岸。他每天刻一小道，每周刻一长道，这样，十字架就成了他的日历。

他所有的工具只是一把手锯和一把斧头、一支猎枪。凭着这些工具,他制作了"桌子"、"椅子"、"砂轮机";每天还能打到不少猎物。夜里,他点上羊油做的蜡烛干活。

有一天,他无意中将一只喂家禽的破口袋在地上抖了抖,想不到几个月后这里竟长出了一些麦子和稻子,日后它们竟成为他粮食的主要来源。

由于恶劣的生活条件,鲁滨逊得了疟疾,头又痛又昏,身上发冷。他用最原始的办法,把烟叶放在口里嚼,并把它浸在甘蔗酒里,临睡前喝上一杯。这简单的办法居然使他起死回生。

时间一晃十个月过去了。鲁滨逊生活得还算怡然自得。他已有了一个葡萄园和三只猫,并在果园里又围了一所茅屋,作为他的别墅。最使他兴奋的是他捉到了一只小鹦鹉,它成了他孤寂岁月的最好伙伴。

鲁滨逊在岛上收获粮食,制作陶器,烤制面包。就这样安然度过了三年。但他不甘心寂寞,又开始动手制作独木舟。建造这只独木舟花去了他两年的时间,在他来到孤岛的第六年,他终于能驾着小船出外探寻。

一天中午,鲁滨逊正要去看他的船,忽然在海边发现了一串脚印。他大吃一惊,把脚伸进去比试了一下,结果发现自己的脚比脚印要小得多。鲁滨逊赶紧跑回家,加固他的围墙,并留了七个枪眼,安置好他的七支短枪。

在惊恐不安中又度过了两年,之后,他又经历了两次惊吓。其中一次他发现几个野人围火而坐,举行人肉宴会。然后趁着退潮乘船离开了岛屿,海滩上到处是吃剩的人肉和骨头。鲁滨逊怒不可遏,他发誓下次再看到这种暴行,一定不放过他们。

可是三年过去,野人再没来过。一天清晨,鲁滨逊忽然看见五只独木船停在岸边,他迅速爬上山岗,用望远镜发现有30多人,正从船上拖下两个人来,其中一个已经被他们打死,正被开膛破肚,另一人乘无人注意,飞快地向鲁滨逊这边跑来。野人们发现了他,随即紧追上来,鲁滨逊立即抄一条近路插到他们中间,一枪即把跑在最前面的野人击倒了，后面的野人吓得抱头便逃。

那个逃跑的人也被枪声吓呆了。当他明白过来以后，便十步一个下跪地跑向鲁滨逊。鲁滨逊把他带回住所，给他吃饱肚子，然后又为他取了名字叫"星期五"，并教会他尊他为主人，恭顺地听从他的一切指示。

渐渐地，"星期五"学会了文明人的生活。他老实能干，不到一年，他就学会了英语和干很复杂的活。在与"星期五"的谈话中他了解到，"星期五"过去生活在加勒比群岛，他曾和当地的野人一道俘虏过17个白人，他们并没被杀害。他的话使鲁滨逊产生了一个念头：他要渡海到"星期五"的家乡去，与那17个白人汇合，共同商议重返欧洲。于是，他和"星期五"一道，花了一个月便造好了一条漂亮的船。

就在这时，野人再次进入小岛，这次他们带来三个白人俘虏。鲁滨逊和"星期五"迂回到一个小树林里，他们看见野人正准备肢解一个白人俘虏。在这危急时刻，他们同时开了枪，两个野人应声倒下，其他的野人乱作一团。

就在这次战斗中，"星期五"居然找到了他的父亲，他是作了俘虏被绑架来的。"星期五"见到父亲，高兴地手舞足蹈，他把自己所有的食物全部拿给父亲吃，表现了一片孝心。

鲁滨逊决心让"星期五"的父亲和那个被救的白人出海。去与其他白人联系。

鲁滨逊和"星期五"焦急地期待着他们的回音。不几日，"星期五"突然跑回报告说海边发现了一艘大船。鲁滨逊以为是联络的人回来了，他举起望远镜，却不由得吃了一惊。海面上正停着一艘英国大船，旁边一条小船载着一些人正向这边驶过来。

小船刚驶上沙滩就搁浅了。从船上跑下一些人，他们将其中三个俘虏粗暴地推来推去，乘退潮，他们又躲进树林里小憩。

"星期五"偷偷跑到俘虏那里问明了情况，原来他们在一次叛乱中被俘，其中一个是船长，一个是忠于他的大副，一个是旅客。鲁滨逊和"星期五"将他们搭救了出来。当时鲁滨逊心中早已打定主意：他要拿下大船，以便尽早回到英国。

他把自己的打算告诉了三个"俘虏"，"俘虏"们对他千恩万谢。鲁滨逊发给他们每人一支枪，然后包围了叛乱者睡觉的小树林，很快将他们解决了。

这时，大船上突然响了一枪，并且摇动信号旗，招呼小船回去。看看没有动静，大船上又放下一只小船。十余个带武器的人乘船登上了小岛。见岛上没有动静，他们便留下两名看守，其余的分头去找同伴。

鲁滨逊见此情景，立刻派"星期五"和大副到一个制高点隐蔽，并大声呼救。这伙人不知是计，立即向呼救的方向奔去。鲁滨逊带领其他人趁机袭击看守，一个被打倒了，另一个束手就擒。

"星期五"和大副继续采用声东击西的办法，把那伙人弄得晕头转向。最后，他们又采取诈降的办法，使叛匪一个个自动放下武器。

晚上，鲁滨逊派船长、大副等人，乘两只小船向大船进发。小船悄悄地驶近大船，船长和大副抢先跳上船，其余人紧跟而上，很快，他们消灭了二副、木匠及厨房的匪徒，然后进攻船长室。

谁知叛变的新船长早已有准备，他们向冲进来的大副及另外几人开了枪，大副中弹后仍挣扎着朝匪首开了一枪。匪首中弹身亡，其他人见大势已去，只好缴枪投降。

大船上响起七声枪响，把胜利的消息通报给了鲁滨逊。

接下来，鲁滨逊迅速处理了那些匪徒，给他们安排了生活，自己则带上"星期五"和船长们一起于1686年12月，离开他生活过28年多的小岛。

坐轮椅的登山家

荷兰有位青年叫西蒙，他在5岁时因患小儿麻痹症，双腿完全瘫痪，可他没有自暴自弃，自18岁时开始自学写作。

一天，他突然宣布准备着手写一部关于登山者的书，并宣称他将亲自去体验登山的艰辛。西蒙的计划遭到了家人和朋友竭力反对，但西蒙不甘心，从此以后便努力锻炼身体，加强臂力和耐力训练。

西蒙21岁时，他在报纸上看到一条消息，有一支登山队要去攀登尼泊尔境内的阿玛达布拉姆峰。西蒙立即写信给登山队队长米诺，阐述了自己的意愿。米诺被西蒙的自强不息精神所感动，欢迎西蒙加入登山队。为此，西蒙请人特制了一把除有滚动功能外，还能在冰雪地里当雪橇使用的铝合金轮椅。一个月后，西蒙坐着自己特制的轮椅，跟着登山队来到尼泊尔，在喜马拉雅山南麓的一座小山村安营扎寨，做登山前准备。

山村里的村民对登山队到来早已司空见惯，可带有坐轮椅登山者的登山队却绝无仅有，因此他们的到来在小山村引起了轰动。一批批村民赶来看新鲜，他们感到惊讶和怀疑，坐轮椅能登山吗？有些年纪大些的村民还劝西蒙放弃这趟冒险。西蒙不为所动，在向导的带领下，坚持摇着轮椅踏上了登山之路。

攀登阿玛达布拉姆峰的道路崎岖不平。在队员们帮助下，西蒙克服了种种困难，度过了登山的第一天。第二天，在上山途中遇到一座高达几十米的悬崖挡住去路，悬崖四壁都被冰雪覆盖。米诺让几个队员用凿子一级一级开路先攀登上悬崖，然后扔下尼龙绳索，将西蒙和他的轮椅一起拉上悬崖。夜里暴风雪猛烈袭击了登山队的宿营地，队员们纷纷跑出帐篷投入紧张的抗暴风雪战斗。西蒙不顾自己行动不便，也坐着轮椅协助队友打桩加固帐篷。暴风雪过后，西蒙发现自己的雪橇杆已被暴风刮走。他为了不使队友们担心，便诙谐地对大伙说："别为我担心，我还随身带着一副吹不走的'撑杆'。"队友们为西蒙的乐观精神所感动，表示即使用手推也要让西蒙登上阿玛达布拉姆峰，帮助西蒙实现他多年的夙愿。

第三天天明后，登山队继续向顶峰攀登，路上西蒙唱起了自己编的歌曲为大伙鼓劲。但歌声立即被米诺制止。他皱着眉头对西蒙说："大声唱歌会引起雪崩的，你想让我们大伙被雪掩埋吗？"正说着，积雪铺天盖地倾泻而下，幸亏米诺沉着地让大伙儿撤离到一块大岩石后面躲藏，才避免了一场可怕的灾祸。事后西蒙羞愧地表示歉意，米诺和其他队员都宽厚地原谅了他的无知。

登山队继续前进，队员们虽然很累，但遇到上坡、下坡时，大伙还是争着推西蒙。在经过一座年久失修的独木桥时，由于西蒙坐的轮椅份量稍重，"咔嚓"一声，木桥突然断裂了，多亏米诺他们眼疾手快，才使西蒙免葬深渊。

历经数天的艰苦攀登，西蒙和队友们终于登上了海拔6865米高的阿玛达布拉姆峰顶，西蒙含着热泪将残疾协会的会旗亲手插在山顶上。他在队长米诺和队友们的祝贺声中，举着双手向全世界大声宣告："我成功了！正常人能办到的事，我们残疾人也能办到。"

异地穴居十三年的劳工

1944年8月底，一位名叫刘连仁的农民和被日本侵略军抓去的几百名中国劳工，饱经折磨地到达日本北海道的一座煤矿，每天干着牛马似的重体力活，吃的却是难以入口的掺木粉橡子面，受到非人的待遇。中国民工不甘心忍受折磨，时刻都准备逃脱虎口。

1945年7月的一天，刘连仁乘日本监工午休时，与另外4名同伴，一块跑出了这座吃人的活地狱。

他们获得了自由，但新的问题又产生了。今后该怎么办？靠吃什么维生？住房又在哪里？同时还要躲避可怕的追捕。他们想来想去，最后决定先躲进深山，饿了扯把野菜充饥，渴了喝点泉水解渴。到了夜晚，他们偷偷来到海边，找到一条小木船，想漂回中华大地，可漂来漂去，怎么也离不开海边。不久之后，伙伴们渐渐走散，只剩下刘连仁还躲在深山老林之中。

荒无人烟的山林中，看不见一个人，只有刘连仁这个孤独的"客人"。身居异乡，他时刻在想念祖国和家人，心情十分悲苦。他曾几次绝望，甚至拣了条绳子去上吊自杀，但绳子断了没死成。这次失败的自杀，反而坚定了刘连仁活下去的勇气。他的脑海里经常这样想："我是不愿为日本人当牛做马，不愿死在异国他乡才逃跑的，这些苦不能白吃，我不能死，我要活下去，要和日本鬼子算账。"

离开了人类居住的世界，躲藏在与野兽为伍的深山中，生存充满了艰辛。没吃没穿，野兽要袭击，日本人要抓，想活下去真是谈何容易，刘连仁白天躲在山上，夜里悄悄到山腰坡地里刨几个土豆吃，或者到海边拾一把海带海藻充饥。有一次，他在日本农民田间劳动休息的小窝棚里，发现了一盒火柴，不禁欣喜若狂，急忙点火烤了一些土豆，狼吞虎咽地送进了肚子里。

这是刘连仁13年中唯一的一顿饱饭，也是他逃出煤矿后第一次吃熟食。

最难熬的是北海道严寒而又漫长的冬天。严寒迫使刘连仁无法外出，只能躲在一个狭小的山洞里，一待就是半年。山洞又冷又潮，而且不见天日，昼夜不分，躺不下也站不起。肚子饿了，就吃一些早已贮备下的野菜和海带；渴了，爬到洞口抓一把雪塞到口里。就这样，刘连仁在山上苦苦熬过了13个寒冷的冬天。

有一天，刘连仁在山上碰见一位日本妇女，女人见到他后，吓得连声尖叫，好像碰见可怕的厉鬼一样，急忙连滚带爬地逃到山下。这么多年，刘连仁从来没照过镜子，于是他走到一条溪边。水中的倒影显现出一个野人模样：蓬头散发，半米多长的头发同乱草一样，胡乱地堆在头上和肩上，胡子也长长地纠集在一起。他原来身上的衣服早已破烂不堪，现在穿的是一件捡来的日本女人和服，真是又古怪又可怕。

1958年2月，有个叫夸田清治的日本猎手，到北海道山林狩猎。他见到有个山洞隐在厚厚的积雪中，还以为是野兽的洞穴，于是就朝里面挖掘，想不到大吃一惊，躲在洞穴里的竟然是一个人。刘连仁就这样被发现了。

13年的穴居生活，使刘连仁身心受到严重摧残，不仅腰部和腿部染上了严重的关节炎，而且舌头僵硬，连话也不会说了。后来在人们的诱导帮助下，他费了好大劲，才断断续续地说出："中……国……山东……劳工……刘……连……仁"几个字，说完便放声痛哭起来。

1958年4月10日，刘连仁这个漂零异乡13年的"野人"，终于踏上了故乡之土，与亲人们团聚一堂。

百慕大三角区的逃生者

在美国东南沿海的大西洋上，有一片神秘的海区，在那儿曾发生过无数离奇的事件。特别是从1945年后，这片海面上不断有飞机失踪和轮船遇难，至少有1000多人葬身于海底。

这个地区，就是大名鼎鼎的大西洋百慕大三角区，它像可怕的地狱之门，不时传出遇难者惨烈的呼叫，传出一个接一个的噩耗，也传出许多令人瞠目结舌的奇闻。随着时间的慢慢推移，它变得越来越恐怖而又神秘，于是，人们给它起了一个可怕的名称"魔鬼三角区"。

亨利船长，是从魔鬼三角区中逃生出来的少数幸存者之一。每当他回忆起那段可怕的经历时，依然心有余悸。他在叙述自己的遇险经历时说："当时，有一种未知的强大力量，差一点把我拉进死亡的漩涡。"

"那是在1966年，我指挥一条2000马力的拖船，驶进百慕大三角区。这天恰巧是个好日子，万里晴空，阳光明媚。上午，我正待在船舱里，悠闲地翻阅着画报，突然间，听见外面人声嘈杂，乱成一片。我奔到驾驶台，只见罗盘上的指针沿顺时针方向快速旋转。我从没遇到过这样的反常情况，仅仅从书本上知道，如果河底或海底有个大磁铁矿，会引起罗盘乱转。当时，我不知道出了什么事，但有一点可以肯定，眼下发生了重大情况。

"果然，我放眼向外望去，周围的大海似乎变了样，海水好像从四面八方涌来，根本看不清水平线在哪儿，到处是模糊一片，海水、天空和地平线混成了一体。

"我开足马力拼命向前，不管是朝哪个方向，一心只想尽快逃离这个可怕的地方。这时候，周围出现了浓雾，几米之外什么也看不见。我真不明白，大晴天怎么会有雾？还没容我更深入地思索，怪事又发生了：船的速度突然大大减慢，仿佛有一只无形的手，要把船只往回拽。我的船和这股未知的力量僵持着，一个要向前开，一个要往回拽，这如同一场生与死的'拔河比赛'。最后，我们的船终于获胜，摆脱了未知力量的控制，一头从浓雾中钻出。到了外面，世界又恢复到本来面目，晴空万里，阳光灿烂。这真是不可思议的事情。简直就像到童话世界中游览了一回。"

非洲丛林历险记

经过几天的长途跋涉，英国青年探险家鲍勃来到了肯尼亚山下的纳纽基，准备到肯尼亚山中作一番探险。由于攀登肯尼亚山必须通过猛兽出没无常的密林，所以登山必须得到当地警察署的批准，领取登山许可证。

"你人生地疏，我帮你找个向导吧。"警官对鲍勃说。接着，他拿起电话，拨通了一个叫约翰的人的电话。

不一会约翰就来了，原来是个强壮的青年黑人。鲍勃当面谢过警官，便和约翰一起钻进密林。

他们边走边谈，鲍勃才知道，原来约翰是肯尼亚山的土著居民，今年才20岁出头，专门干向导的活儿。当然，没有向导的差使时，他也干一些农活。

约翰身材魁伟但不笨拙，肌肉强健，属于拳王泰森那种力量加机灵的人物类型。加上他熟悉当地的地理环境、山水地貌，他所带的登山队还从没有出过什么差错，因此，警官乐意把他推荐给需要向导的登山队或游客。

约翰一边在前引路，一边告诉鲍勃遇到猛兽时的对付方法："犀牛来了，要赶快扔掉背包爬到树上；大象来了，要在大树之间忽左忽右地逃跑；豹子来了，绝不能往后看着逃跑，要死死盯住豹子的眼睛，一直等到它走过去，如果它扑过来，就用登山镐同它搏斗。"

约翰不停地走着讲着，不停地用眼向四方打量，显得很警惕。鲍勃则跟在后头，不停地"噢噢"表示听懂了，也不住地向四周环视，气氛有点紧张。

"你有没有带刀子，碰到野兽怎么办？"约翰扬了扬手中一把刀刃长达70厘米的猎刀。

其实鲍勃是有一把枪的，但他把枪留在国内了，他压根没想到登山还要带武器。现在经约翰一说，鲍勃想到了它，但只好无可奈何地摇摇头。过一会儿，他从背囊中抽出一把雪亮的登山镐，在手中提着说："约翰，你看这行吗？"

约翰点点头说："只好将就了，但愿不要用到它才好。"

从山谷进入原始森林，林内变得湿漉漉起来，大树互相倾轧，挤得密密麻麻，树冠连着树冠把整个天空遮得严严实实，透不出一丝光进来，偶有风吹来，树冠发出"哗哗"的响声，冠叶间露出一缕缕阳光，像一束束光柱，光柱中水汽飘曳，让人感到好似进入了一个神秘的世界。

进入密林十多个小时后，约翰突然停住脚步，用手指着黑暗的密林小声地说："注意，豹子！"

鲍勃停住脚步，顺着约翰所指的方向看去，果然在一株大树边的巨石上，有一只非洲小豹在盯着他们。

小豹显然发现了他们，立刻处于戒备状态，弓起身子，显出跃跃欲扑的样子。

鲍勃想起约翰的告诫，立即学作约翰的样子，绷紧全身肌肉，站在那里像一尊雕像一动也不动，死死盯住豹子的眼睛，双手则紧紧抓住镐把，如果豹子袭来，他打算就用登山镐干掉它。

豹子的眼睛凶光毕露，约翰和鲍勃也圆睁豹眼与豹子对抗。可惜鲍勃是单眼皮，眼睛怎么睁也睁不成个豹子眼。他只好用力握紧登山镐，直掐得手心里都是汗。

究竟过了几分钟呢？不知道。

双方的对峙终于结束了，对手毕竟是一头小豹，一头还缺乏经验和胆量的小豹子。它摸不清敌人的底细，终于忍不住转过身，一纵身从巨石上跳下去，"咯哧咯哧"地踩着树叶，奔向密林深处去了。约翰和鲍勃等小豹子走远，才长长地出了一口气，互相看了一眼。

约翰笑了一笑说："怎么样，这就是非洲丛林。"

他们又继续上路，用了4个半小时穿过密林。这时，肯尼亚山辽阔的山麓展现在他们面前。只见漫山遍野的热带植物都鲜花盛开，美丽极了。

爬过长满热带高山植物的草原，再向上就到了冰雪覆盖的高海拔地区。他们停了下来，在附近寻找到一间破烂不堪的被遗弃的小屋，准备过夜。山下是40℃的热带气候，山上却是白雪皑皑，终年冰封。

第二天，鲍勃让约翰留在小屋，自己则穿好登山鞋，背上背囊，手持登山镐，独自出发上去攀登山顶。

他一边爬一边添衣服，直到把所有的登山冬装全部穿上，这时，他也登上了肯尼亚山的山顶。返回的路上，他多绕了一些路，一边走一边饱览肯尼亚山周围的特汤湖、奥布朗湖、梅湖。

如果说回道上的丛林与来道上的丛林有什么不同的话，那就是，这里的树木更高大，更紧密，林中更潮湿，水珠不停地从树上滴下来，而树林外的天空却是烈日当空。

他们的脚下一片滑溜，青苔奇厚，石块奇滑，旱蚂蟥随时会从阴暗处跳出弹到你的身上，饱吮鲜血。

突然，密林中一头非洲大象迎面拦住了他们的去路，这无疑是头野象，野性十足。

约翰对鲍勃喊道："注意，绕着大树兜圈子。"

话声刚落，那头野象便撒腿冲来，他们不得已绕着树兜起圈子来。不料刚兜了两圈，屁股后面又响起了一片撞击树木的哗啦声。他们吓了一跳，回头一看，又一头大象立在他们的后面!两人吓得灵魂出窍，忙往旁边一闪，躲到另一株大树后。

两头大象，两个人，在这原始丛林中打起了游击战，约翰的猎刀，鲍勃的登山镐对皮厚如墙的大象全然失去了作用，他们唯一的出路是逃，是绕，是从树林的小夹缝中求生。他们边逃边向山下冲去，两头野象也在笨拙地转着身子，把大树撞得"哗哗"直响。有几棵小一点的树，则被撞得连根拔起，"哗——"倒在地上。

约翰和鲍勃在林中走着"S"形，眼看要逃脱野象巨腿的踩蹦，不料祸不单行，一阵冷风骤然袭来，他们斜眼偷看，原来是一只凶猛的豹子从树上跃下，向这两人猛扑过来。

"啊——"约翰和鲍勃都失声惊叫起来，情急之下，约翰举起猎刀，鲍勃举起了登山镐，闪身躲到两棵树后面，准备迎战豹子。

说时迟，那时快，正当豹子从树上纵身跃到地上，几个跳跃，横窜到一块空地前的一瞬间，紧追约翰、鲍勃而来的两头大象也同时冲到这块空地上。

按说豹子肌体灵敏，可以刹住自己的身子，但不巧得很，当它快要撞上大象的一瞬间，豹子来了个急刹车，把前躬的身子往后猛地一坐，不料地上青苔又厚又湿，尽管它用4只钢爪紧紧抓住地面，身子仍然不由自主地向前滑去。

大象身体笨重，惯性奇大，虽然速度算不得太快，但要想刹住谈何容易，且身高体重，很难看清地下的东西。两只大象八条圆柱一般的粗腿，其中的一条正踩上了滑到跟前的豹子，只听一声撕心裂肺的豹叫声，豹子被踩了个正着。

前面的那头大象根本没想到会踩到一个大大的软软的东西，它一下子马失前蹄，向前跪跌而下。后面那头跟着的大象也无法预料伙伴会有这么个闪失，无法收住自己山墙一般的身体，一下子撞在前面大象的身上。

只听一声山崩地裂之声，轰隆隆的响声不绝于耳，大象倒地撞倒了前面的大象，撞倒了大树，压死了豹子。

豹子死了，被大象压成了肉饼，倒在地上的两头大象也气喘吁吁，不知是一时爬不起来呢，还是一时被撞昏了头，躺在地上不停地"哼哼"。

鲍勃还在愣头愣脑地看得起劲，约翰赶紧拉住他的衣摆，悄声说："快逃命吧，上帝保佑你呢。"

鲍勃被约翰这一提醒，才如梦初醒，立即拿起冰镐跟着约翰往山下狂奔，直到山下警察署，他们还惊魂未定，想起刚才那一幕幕历险，还真有些后怕呢。

海上陷阱逃生记

在大西洋北面，靠近挪威海湾的洋面上有一种可怕的大漩涡。这种漩涡有多大？据见过它的人估计，那种大漩涡像只大漏斗，在海面上不停旋转的面积，有600个足球场那么大。那漩涡转着的漏斗底离海面有多深？这就要由挪威小渔民阿南森来回答了。

14岁的阿南森，常跟着哥哥罗德尔，驾着他们的"白鸽号"小渔船下海捕鱼。这年夏天的一个早晨，兄弟俩带足面包，又用大塑料桶装满淡水，收拾停当，就扯起风帆，驾着"白鸽号"离开了港湾。

"白鸽号"在平静的大海上航行着，渐渐的，浪头大了起来。罗德尔紧紧地掌着舵，尽量使船行得平稳些。但愈是向前，舵似乎愈不听使唤，船头总是偏离罗德尔预定的航向，有时竟使他明显地感到：船身在朝左面倾斜，船头朝西北方向拐过去……

罗德尔以为碰到了海里的一股向西北方向的暖流。他弯腰摸摸海水，并不见得怎样热。他又以为碰上了一股急流，想待会儿再说，看这股急流把船带到什么地方。

"白鸽号"顺着急流远远地兜了个大圈子。船头又掉过来，向着东南方向，航行了一阵，又转向西北方向……

站在船头的阿南森提醒哥哥："看样子，我们刚刚是兜了个大圈子！"

罗德尔忧心忡忡地说："我看也是。天呐，千万别碰上老人们说的大漩涡呀！"

阿南森不知大漩涡的底细，满不在乎地说："大漩涡它敢把我们怎么样？我倒要看看什么叫大漩涡呢。"

阿南森正说着，身子一歪，差点儿跌倒在船舱里。这时，"白鸽号"明显地越来越快，兜的圈子也越来越小了。罗德尔惊叫道："阿南森，不好，我们真的碰上大漩涡了!"

他指着远处那一大片黑色的海水说："喏，那儿!那儿是漩涡的中心，瞧，那片黑色的海水，说不定是个大洞!"

"洞?"阿南森惊奇地睁大眼睛，盯着罗德尔问："你说海面上有个洞?你说在水面上钻个洞?"

罗德尔紧紧地盯着那片黑色的海水说："是的，是个洞。啊，那不如说是口井，很深很深的一口井!"

罗德尔紧紧地握着舵，想把渔船驶向东南方向去。可是船儿却像着了魔似的，拼命地侧着身子，向西北方向转过来，转过去，而且越转越快……

罗德尔临危不惧，他扯下风帆，免得船在侧着身子转弯时倾翻。帆一落下，小船行驶得更快，离那片黑色的海面也更近了。阿南森抱着桅杆看过去，啊，那片黑色的海水——不，那不是海水变成了黑色，那确实是个洞，是个很大、很大的圆洞，从洞里发出"轰隆隆——轰隆隆"的可怕的响声。

罗德尔递给阿南森一支桨，弟兄俩一左一右，使劲划了起来，可任凭他们怎样用力，小船仍像脱缰的野马，在一个劲儿地向那黑洞旋转过去。船身渐渐向左倾斜，罗德尔觉得连身子也坐不直了，总是歪向左边。

罗德尔发觉弟弟坐在左边太危险，就将弟弟拉了过来，跟他换了个位置，又使劲划桨，但一切努力，都无济于事。这时，罗德尔觉得大难临头了。他放下桨，盯着弟弟。他什么也没说，拎起塑料桶，旋开盖子，将水倒光，又转紧盖子。他又摇摇晃晃，一下子扑到桅杆上，掏出小刀，割下一段长长的综绳，再踉踉跄跄地走向阿南森。阿南森明白了，哥哥想用这空塑料桶，绑到他身上，为他做个救生衣。阿南森叫喊道："不，罗德尔，我们要死也死在一块儿!"

"过来，"罗德尔吼道。他想走过来拉阿南森，不料，船身猛的一个转弯，罗德尔身子一晃，掉进海里，随着一声惨叫，他很快随着急流，被卷进那黑洞里，一眨眼就不见了。

阿南森被眼前这景象吓呆了，紧紧地抱住桅杆，看着船被一圈一圈地旋近那黑洞口。

"白鸽号"在大漩涡的边缘上旋转着，阿南森已经感觉到，船在漩涡中渐渐地下沉，还不时发出"咯吱——咯吱——"的破裂声。船越转越快，越沉越深，就好像在一寸一寸往井底降下去一样。阿南森觉得，原先阳光灿烂，可现在天色越来越暗，只有头顶上方见得到亮光。

阿南森起先死死地闭着眼睛，什么也不敢看，他仿佛来到了另一个世界，耳边是哗哗作响的流水声；脚底下，轰隆隆轰隆隆好似在打雷……这些，又迫使他睁开了眼睛，想看看周围究竟是什么情景。他微微睁开眼睛，看到了黑油油的海水，在他四周围成了一堵围墙，散发出一股又腥又咸的潮气。

阿南森借着头顶射下来的一束光亮，朝脚底下一看，啊，从他这里看下去，至少有三百米。他的船，正在一圈一圈地旋转着，朝着三百米深的底部降下去……

阿南森看着眼前可怕的情景，不由问自己：我就这样等死吗？不，我要活着逃出这大漩涡！——但他能从哪逃去呢？如果是在陆地上的井底，也许能凭借臂力，攀着井壁爬上去，而现在这井壁是海水呀！阿南森正感到绝望，他忽然发现，他头顶上有样白色的东西在旋转。他仔细一看，啊，那是块被撕破的白色帆布。再一看，在他头顶上旋转的还有断裂的木桨、塑料板……它们在原地旋转着，而不像他乘着的这艘船，在渐渐下沉。阿南森明白了：轻的东西，只会在原地旋转，而重的东西，会越转越往下沉。

阿南森抱着一线求生的希望，将哥哥剪断的那段棕绳绕在塑料桶上，然后又将塑料桶绑在自己身上。他看准机会，像攀登井壁似的，扑向海里……

阿南森在漩涡里一圈又一圈地转着，不时有海水呛进他的鼻孔里。他用不着划动，飞速旋转的急流，载着他一圈又一圈地转着……

阿南森记不清究竟转了多少圈，他发觉，自己一直在原来的地方旋转，而他的"白鸽号"呢，已被漩涡拖到了海底，看不见影儿了。

过了好一会，阿南森发觉自己越转越慢，那深不见底的井底，这会儿一寸一寸地向上移动，变成一口浅井了。又过了好一会，漩涡渐渐消失，那塑料桶带着阿南森慢慢地升上了海面。阿南森浑身无力，他随波漂浮，后来被一阵阵海浪推向海岸，直至被卷上沙滩。

第二天，阿南森被人从沙滩上救起，这样，他终于从大漩涡里逃生了。

锯掉一条腿

　　这一年夏天，小伙子罗伯特离开了父母，独个儿从芝加哥来到了迈阿密，他在这里找了份工作，干得挺不错。活儿很辛苦，但报酬丰厚。他当的是伐木工，每天到森林里锯树。他写信告诉父母，只说干活儿很辛苦，却从不提干这活儿很危险。在森林里，常遭到毒蛇、胡蜂还有野狗的袭击，有时树倒下来，也会压伤人……他不想把这些告诉父母，免得两位老人为他担心。

　　罗伯特在伐木场才干了半年多，就已挣了一笔钱，买了辆小轿车。这车子虽然是二手货，但性能极好。他重新漆了一下，跟新买的车子一样。每天早晨，他就驾着这辆车子，从他住的小镇开往伐木场去。

　　今天一早，他驾着车子，吹着口哨，驶上了高速公路。今天他要拐一段路，去约朋友乔治，晚上一块去看拳击比赛。他还准备去买点儿午餐吃的鱼子酱。乔治是外科医生，他那小医院门口的一家果品店里的鱼子酱很好吃，别处还买不到哩。

　　罗伯特见过乔治，买了面包、鱼子酱，驾着车子，进了林区。他那辆红色的小轿车，在林间公路上颠簸了一阵，直到公路尽头才停下。

　　罗伯特下了车，便开始工作。

　　这个林子里的伐木工，都是分散作业，相互间隔得远远的，别说谈话，就是大声叫喊，也休想听得见。罗伯特是个喜欢热闹的人，这时也只好自言自语，一会儿跟树上的鸟儿说几句，一会又对大树说几句。他拉开车门，拖出电锯说："伙计，出来吧，干活儿吧！"

电线前几天才拉到这儿。罗伯特接上电源，大声喊道："伙计，唱吧!吼吧!干吧!"随着他的呼喊，电锯"呜呜呜"地吼叫起来，惊得树上的鸟儿，扑着翅膀飞走了。

罗伯特要将靠在路边的一棵大树先锯掉，这样，车子可以向林子里多开一段路。他抱着电锯，开始锯树，锯齿刚一接触到树干，罗伯特按了下开关，将电源切断了。大树下有几棵小树，伸出一根根树枝，碍手碍脚，他便从车子里取出一把斧头，将树枝一根根砍断，这才将斧头朝腰后一插，抱住电锯，按动开关，锯起树来。

随着电锯的"吱吱呜呜"吼叫声，木屑飞溅，不一会，大树开始摇晃，并发出"咯嚓咯嚓"的响声。每当这时，罗伯特就停下手里的活儿，看看风向，朝树身打量着，然后找个安全的角度，再一鼓作气，将树锯倒。

罗伯特锯倒一棵树，喘口气，又去锯那棵最高、最粗的树。他低着头，眯着眼，看着锯齿一丝一丝地向前移动着。眼看着锯齿已经移到树中心了，可罗伯特还不住手。他本该停下来看看风向，再看看树身倾斜的方向，找个安全的角度再锯。今天，也许他在想着看拳击比赛的事儿，竟一个劲儿锯下去。忽听得"咔——嚓"一声响，树身晃动了。罗伯特揿了下开关，切断了电源，他刚想换个方向，不料，"轰隆"一声，大树倒了下来，罗伯特躲避不及，树杆压到了他的一条大腿。

罗伯特忍着剧烈的疼痛，想把那条大腿从树杆下抽出来，可大腿一动也不能动。他撑起身子，想把大树推开，可大树也是一动也不动。

罗伯特看到，一股鲜红的鲜血，从他的腿管里流出来，把地上的青草都染红了。他知道，自己的腿已经断了。他就拉开嗓门，向四周大声呼喊，他喊了一声又一声，听到的只有他自己的回音。罗伯特自己心里也明白，伙伴们都离他远远的，没人会听到他的声音。

罗伯特并没有绝望。他从后腰抽出斧子，狠命地朝树干砍去。"笃!笃!笃!"坚硬的树干，只掉了一点儿树皮。罗伯特没有气馁，他双手举着斧子，一下又一下地砍着，谁知，他用力过猛，"啪"的一声，斧子柄断了！

罗伯特望着手里的斧头柄，又望望滚在草地上的斧头，不由得双手捂着脸，"哇哇"地哭了。

罗伯特哭了两声——是的，只有两声，他就睁开眼，不哭了。他提醒自己：要冷静。他又像刚开始工作的那会儿，自言自语说开了："小伙子，干嘛这样呢？"他看着从裤脚管里不断流出的鲜血，警告自己："我得快点想办法，要不我会因为失血过多，死在这里的！"

罗伯特又看到了身旁的电锯，他脑海里在翻腾着，要么躺在这儿，让血慢慢流尽，直到死去。要么将一条腿留在这儿，开着车子到乔治那儿去，尽快包扎，留住一命！

怎么办？怎么办？他一个劲儿问自己。最后，他终于拿定了主意，像是对眼前的一棵棵参天大树，又像是对自己，响亮地吼叫着："锯掉它！锯掉它！"

他一遍又一遍地吼叫着，一边抱起身旁的电锯，架到那条被压在树干下的大腿上。他闭上眼，猛的按动了开关……

"吱——"电锯尖叫着，把罗伯特的腿锯断了。

罗伯特喘了口气，将手里的电锯推到一边，然后侧着身子，拼命地爬向自己的汽车。他凭着一双强有力的手臂，匍匐前进，终于钻进了汽车，然后用一只脚猛踩油门，车子箭一般驶上了公路。

罗伯特紧紧地把握着方向盘，飞快地把自己送到小镇医院。当乔治和护士们闻讯赶来时，罗伯特因失血过多，已经昏迷了。

乔治以最快的动作，为罗伯特包扎了伤口。这时，罗伯特已醒了过来。他指着半条腿，对乔治说："没办法，我只好锯掉它！"

乔治说："你锯得对！不过，那半截腿我已派人取了回来了，正在清洗，我马上再给你装上它！"

中国海员漂流记

1946年，英国战时运输部报请首相及女王批准，由英国驻上海总领事馆代表英国政府，授予雪贝利号船轮机长沈祖挺十字荣誉勋章。奖励他在与大自然搏斗的七十六天中，成功地领导四十名海员死里逃生。

故事发生在1943年8月12日。雪贝利号船满载军火物资，驶往东非的蒙巴萨。当时，雪贝利号是一艘排水量八千吨的蒸汽机货轮，属于英国战时运输部商船运输队，全船五十六名船员，除船长、驾驶员、服务员和六名海军护航队员是英国人外，其余全是中国海员，轮机长是沈祖挺。

雪贝利号刚驶离伊尼亚巴海湾，船上全体人员就做好了紧急救生准备。自1942年年底，英美海军在北非登陆，占领了摩洛哥、阿尔及利亚之后，作为对英国的报复，德国派遣了大批潜艇到东非海域袭击美、英潜艇和运输船队。雪贝利号这次出征，实在是凶多吉少。

第二天，刚吃过中饭，担心的事情终于发生了。在船头的水手报告发现了潜艇。话音刚落，一枚鱼雷已从右前方飞速射来，幸好越过船头偏过去了。雪贝利迅速改变航向，可就在这时，第二枚鱼雷击中了船首，船头立即起火。这时，沈祖挺跳出来急声招呼大家："赶快跳水，快向远处游！"只见船员们纷纷跃入水中，不一会，雪贝利号就下沉了。这时，德国潜艇冒出水面，在沉船周围绕了一圈，又沉了下去。沈祖挺和船员们这才敢抬起头来，大家很快向漂在水面上的救生艇游去。水手长指挥水手划着救生艇四处寻找其他落难者，一小时后，再没发现海面有人，这时，救生艇上共有四十人，除了四名英国护航队员以外，其余全是中国海员。

　　静下心来之后，船员们一致推举经验丰富的沈祖挺来领导和指挥。在这危难时刻，沈祖挺没有推让，毅然担当起这一使命。首先，他建议船员向死难的同胞们致哀，并记下了他们的姓名、职务，以便今后有机会转告他们的亲属。接下来，沈祖挺和大家一道分析了现在所在的位置、风向和风力，最后大家一致认为这样驶回非洲大陆是比较困难的，不如顺风漂向马达加斯加岛。于是，沈祖挺命令水手长驾起风帆，向东偏北的方向驶去。根据救生艇现在的航速每小时3海里判断，需要五十天才能到达马达加斯加岛。为了能安全到达，沈祖挺命令将艇上所有的食品、淡水、工具药品等全部集中使用，由他按七天预算，统一配给。这样，每人每天只能吃三块压缩饼干、两杯淡水。为能更好地保存体力，减少消耗，沈祖挺要求除驶舵、驾帆员和探望的人以外，其余船员尽量保持安静，不要讲话，不要走动。

　　一切安排得当，小船顺风向东缓缓漂去。就这样漂了三天，海上起了风，小艇航速已达每小时4海里。几天来，一切好像还较顺利，但船员们心情一直比较消沉，加之食量不足，休息不好，船员们体力仍然消耗很大。沈祖挺更是没有很好休息。由于幸存的人当中没有一个驾驶人员，因此他特别担心小艇偏离航向，要是越过了马达加斯加而进入了印度洋，那可就糟了。沈祖挺虽然已有二十多年的航海经验，虽然也常常在驾驶台上看驾驶员测天气，定船位，但是，真正要他驾驶船那就困难了，因为他终究是个轮机员，又是在这样一个设备简陋的小艇上。过度的紧张和忧虑使他两天两夜没有合眼，人憔悴不堪。

　　突然，探望的水手报告说："左前方发现目标！"小艇上的人都被叫声惊动了，一起抬头向左方望去。由于距离太远，人们无法凭肉眼判断目标究竟是什么。尽管如此，船员们还是因之振奋，沈祖挺也第一次露出笑容：要是遇到船，大家可就得救了。目标越来越近，四十双眼睛一齐睁大了。"是个小岛！"眼尖的几个人，异口同声地叫了起来。

　　这是汪洋上的一个孤岛。岛上除了一排高大的树木，一片黄沙和矮小的灌木外，别无他物。失望再次袭上船员们的心头。这并非希望之地，但是三天来的海上漂泊着实太累了，船员们迫切需要休息一会。费了九牛二虎之力，小船才得以靠岸，但是船底却被沙滩上的礁石划破了。

一上岸，船员们一个个瘫倒在沙滩上，几乎不能动弹。沈祖挺也很想躺下休息一会，但他却无法安静下来，还有很多很多事情等他去安排。首先要解决的便是将临的黑夜如何度过。他带着几名船员搬下小艇上一切可以搬下的东西，找出了两盒防风火柴，他亲自将它们保管起来，其余的物资全部交与一名服务员保管。接着，他和水手长选择了一块较为平坦的沙滩，点燃一堆干树枝，分配了口粮、淡水，安排两名船员轮流守夜，大家围火而坐，静静地度过这漫长的黑夜。

沈祖挺一夜想了很多，第二天一早起来，便安排大家吃了双份口粮，组织了四支队伍，外出探险。探险的目的是寻找淡水、居民和船舶，并察看有无威胁安全的野兽。探险队出发后，沈祖挺带领其余人在小丘顶上选择了一块较好的地作为大本营。然后，将物资又都搬到大本营里，用帆布架起了一个小布蓬，又吩咐人去砍柴，安排另外几个人去寻找一些可以充饥的食物。他自己则和几个轮机员动手将一个紫铜空气箱改成锅子，用来烧煮食物。下午，探险队陆续回来了，他们走遍了全岛，结果却很令人失望：没有淡水、没有居民，整个小岛全是沙丘，东西两面是珊瑚礁冲积成的岩石般的峭壁，南北两面是沙

滩。岛上没有建筑物，只有一个法国人的坟墓，从墓碑上的文字他们才知道这个岛名叫"欧罗巴"。唯一的可以欣慰的是岛上有许多鸟蛋和海龟，可用来充饥。

可是没有淡水怎么办？救生艇上带来的淡水最多还能维持两天。于是大家又为解决淡水的问题展开了讨论。

"我们不能用锅烧海水来造淡水吗？"轮机员建议道。

这个想法和沈祖挺的想法不谋而合。但是用什么东西来收集煮开的海水蒸汽呢？大家七嘴八舌，最后拆下救生艇上的十只铜球空气箱，改造成了一个最原始的蒸馏器，在锅上加了一个铜盖，铜盖的边缘连着水槽，使蒸汽在盖顶冷凝成水滴顺着边缘流到水槽再滴入淡水箱内。试验非常成功，淡水一滴滴地流出来，船员们高兴地跳了起来。沈祖挺又根据冷凝器的原理，在铜盖上又加了一个冷却罩，用海水淋在罩上冷却，用来提高制水效率。他们照样又做了一套造水器。这样白天工作十小时，两套"设备"就能造出五十碗淡水来，足够大家饮用。

虽然淡水的问题解决了，但是怎样取得食物、怎样御寒、怎样防卫等一系列问题又摆在沈祖挺的面前。沈祖挺召集大家商量后，安排八人负责造水；八人负责炊事，包括加工食盐、腌成鸟蛋、鸟肉等；安排专人警卫、探望。一经分工后，大家便忙碌起来，挑水的挑水，煮饭的煮饭，砍柴的砍柴，生活虽然艰苦，但还算安定。

根据沈祖挺在树干上刻画的时间计算，遇险至今已一个多月过去，没有发现一艘船、一架飞机。天气也渐渐暖和起来。"我们不能在这里等死。要想办法漂出小岛！"他们提议："反正都是危险，不如出去探险。"沈祖挺近日来也在思考这个问题，他想这个小岛一定偏离航线很远，否则不会没有船只路过。如果派人漂出去，得救的可能是有的。但是，救生艇已经腐烂了，采用什么方法漂出去呢？

这一夜，沈祖挺又没有睡好。几名船员在火堆旁的谈话都被他听了进去："我看把那棵倒下的大树做个独木船，让它顺风漂出海岛。"

"没有工具怎么做？"

"不是还有一把斧头吗？"

这些对话启发了沈祖挺。第二天，他便带了几名船员将那棵倒下的大树拉过来，架起火将其烧断，接着又把这棵圆木滚到沙滩边，用斧头劈起来，这样先后花了十余天的时间，一个仅能容下一人的简易小船算做好了。老水手老张自愿去冒险，于是，他们为他准备了十五日食物，送他下水。可是由于小船太简陋，且上重下轻，一下水就转了个半圈来了个底朝天。半个月的辛勤劳动，一下子就变成了泡影。

但是大家并没有灰心。晚上，水手长又向沈祖挺建议，用两根树干扎成一个木排，这可能要使小船性能好些。不仅稳定性好，人还可以躺下休息。

沈祖挺觉得这个建议可取。第二天，又带人开始建造第二只小船。又经过三十多天，小船终于造成了。这次吸取了上次的教训，小船做得比较讲究。它一米多宽，四米多长，上轻下重，船上还用木板盖了一个舱室，正好够一人住下。还可贮存食物。就在他们遇险的第六十三天，老张带着大家的希望以及为他准备的一个月的粮食，含泪和大家一一话别。小船下水后确实很稳，顺风向东漂去。

剩下能做的只有等待了。可就在这时，一件意外的事情又发生了。造水器经过长期使用，锅内结了厚厚的盐垢，造水速度明显减慢了。清除盐垢时，锅底又被铲穿了，锅底一穿就不能再造淡水了。剩下的另一只造水器造水量也非常可怜。船员们又面临着新的危机。这时，沈祖挺却信心十足地鼓舞大家说："没关系，我们还留有一大桶淡水，不久可能雨季要来，我们可以接雨水用。"其实，雨季是什么时候来沈祖挺并不知道，但他的一番话却给大家带来了一丝希望。

10月25日，这是遇难者感到最幸福的日子，这天午饭后，正在沙滩上休息的船员们突然发现北方天空上有一个小黑点，并渐渐靠近，当他们清楚地意识到这是飞机时，飞机已飞过小岛上空。大家急得拼命挥手、叫喊，希望飞机能够看见。像捉弄人似的，飞机飞走了，不一会儿，又飞了回来，在岛上盘旋，越飞越低，下面的人越发拼命地叫喊。这时，从飞机上丢下一个铁罐，人们冲过去捡起一看，见里面的纸条上写着："你们是谁？"这个问题一下子难坏了欣喜交加的人们。沈祖挺想了想便迅速组织大家躺下，用人体排出九个英文字母"SSRADBURY"（雪贝利号）。飞机又抛下一个铁罐，告诉大家等候营救。顿时，沙滩上一片欢腾。第二天下午，一架运输机又送来了两大箱食物和衣物。

　　10月28日，一艘英国护航舰开至小岛，将受难的三十九名海员送至英海军司令部。独自探险的老张也经过十多天的漂流，在马达加斯加被救起。至此，由沈祖挺领导的四十名遇难海员，经过七十六天的艰苦努力，终于全部脱险。

阿拉斯加冰海余生

美国阿拉斯加的库克湾，冰水交混。1985年3月5日，一架"塞斯纳-180"飞机在这块空旷之地的上空翱翔。机内的两个人，迈·米尔曼和肯·布鲁塞德，刚完成一次愉快的狩猎，正乘机返回。

突然，迈感到发动机的声音有些异样。他检查了一下飞行仪表，不禁大吃一惊，飞机正在失去高度。他立即用无线电同梅里尔机场联系："我们离机场8千米，高度180米。我们的飞机出了故障，准备在库克湾迫降，迫切需要你们的帮助。"

眼前的当务之急是寻找降落场。右边，在无数随波逐流的厚冰块中有一个长形沙洲，这是唯一的降落之处。几秒钟后，随着一阵震颤和滑行，飞机倾斜地停在浸透水的沙洲上。两人静静地等待着机场派直升机来营救。就在这时，一阵轻微的流水声使两人大吃一惊，接着舱门和舱底之间传出了破裂声，一股脏水像蛇一样爬进了机舱的中部，飞机开始向前倾斜。

库克湾是世界潮差最大的地区之一。这里有强大的水流和危险的回头浪，水温也很低，一个正常人在这样低温的水中一般活不过半小时。

迈迅速地抓住两个小型应急无线电讯号定位发射机，以便随时向救援飞机发射讯号。不能再犹豫了，肯使劲踢开舱门，两个人快步走出舱外。他们刚刚爬出飞机，一个大浪就把飞机吞没了！迈的双腿被回头浪打得跪了下去，肯也仰面朝天地倒在冰水之中。

齐腰深的潮水哗哗地翻腾着。迈发觉双脚在泥沙里陷得更深了。这是令人恐惧的泥沙，粉末般的冰状淤泥，像流动的沙子一样把他团团陷住。他发疯似的用力猛拔双腿，虽然脚拔出来了，但两只靴子却留在沙中。

此刻的潮水已涨到齐胸高了。迈猛地冲向肯，向他伸出手，以命令般的口吻向肯喊道："把你的手给我!"他们之间有块1米宽的冰块，两人各在冰块的一边。肯费力地把手伸给了迈，紧紧抓住并将胳膊卡在这块浮冰上，这样容易保存一些体力。

眼前的境况越来越危险，巨大的回头浪不仅没把那块浮冰推往岸边，反而把他们越来越冲向大海。这时，勇敢的迈不断地鼓励着肯："坚持住，一定要抓紧。"而肯的牙齿却打着颤，结结巴巴地回答道："我正……抓着。"

安克雷奇的爱尔莱特救援协调中心收到求救信号后，立即命令空军C-130"王鸟"救援飞机前去援救。此时，这架飞机正在离出事地点东北176千米处进行飞机训练。指挥中心告诉他们："塞斯纳飞机和两名乘员掉进了库克湾某处，他们剩下的时间不多了。"

"王鸟"飞机的驾驶员小弗兰克·马森上尉接到命令后迅速掉转机头，高速向安克雷奇返回，他们的报务员也开始捕捉ECT的讯号。"王鸟"飞机上的专门跟踪装置，能为爱尔莱特基地派出的另一架救援直升机正确指出遇险者的位置，但遇险者是否还活着，小马森上尉却不得而知。

在爱尔莱特的71空军救援中队的直升机基地，地面指挥所迅速对机组人员下达了命令。几分钟后，直升机颤抖着向天空飞去。

一阵阵战栗传遍了迈的身体，他咬紧牙关，抵御着寒冷的侵袭。翻腾的潮水推动着他的身体，大块的浮冰也在不时地碰撞着他。迈估计自己和肯还可以在冰水里活20分钟，也许25分钟。他看见肯的眼睛变得呆滞起来，嘴唇也冻成了紫色。他们在冰水里只呆了几分钟，却感到仿佛经历几个小时的煎熬。

肯的脑海里浮现出一阵朦胧的痛苦。他想起了他的妻子，一个26岁的小学教师。她在路易斯安那州的拉法耶特学院教学。当他离开妻子的那天早晨，妻子正在准备他的生日庆祝会。他还能活着回去吗？他们已经商量好，3个星期后去夏威夷度假。"夏威夷！"他叹了口气，看来一切都要告吹了。这时他看到从衣袋里露出的ECT天线正在从水面下沉。"这是能与外界联络的唯一工具，绝不能够让它失落！"他这么想着，用左手抓住迈的衣领，右手则紧紧握住了天线。

"坚持住，"肯虚弱地说着，"我们唯一的希望，是互相……"

迈的眼睛被飞溅的水花冲刷着，他不得不闭上眼睛。突然，他们压着的那块浮冰的一头向上翘了起来，大海和天空立即开始剧烈地摇晃起来。肯咳嗽得喘不过气，迈则用力压着浮冰，想把它控制住。这时，迈发现远处地平线上有一架飞机，但它很快就消失了。肯也看见了这架飞机，似乎想说点什么，不过他只是动了动嘴唇，什么也没说出口来。

布斯特·汉普顿上尉把他的救援直升机下降到90米的高度。下面，冰水横流，形成一个个凶猛的漩涡。"多么可怕的航线！"他这么想着，眼睛却死死盯住在他前面飞行的C-130"王鸟"飞机。

在C-130"王鸟"飞机安静而狭窄的机舱里，驾驶员沃尔特·斯蒂文森中校觉得浑身燥热。"空军营救807，我是空军营救986。"他对话筒呼叫着后面的直升机。"我发现了目标，在你们的西边。"

"明白，"直升机在回答，"我们马上飞过去，2分钟后到达那里。"

冰水里，迈打量着他的朋友，用力摇着肯的手臂。肯却没有回答，他的眼睛早已黯淡无神了。突然，天上什么东西引起了迈的注意，一架飞机！他又用力摇了一下肯，然而肯依然没有任何反应，他一直紧闭着双眼。

在直升机的货舱里，救生员阿历克斯·华舒特试着透过营救窗向外看去。为了看得清楚，他用力打开营救窗，伸出头去，迎着刺骨的疾风向下望去。发现了目标，他激动得大叫起来："在我们的右下方！在那儿！两个人！"

负责操纵升降绞车的飞行机械军士鲍勃·豪克知道飞机旋翼产生的强大风力会把这两个人吹离那块浮冰，必须把飞机停在他们头顶上方，以尽量减少旋翼产生的空气湍流，而且一次就得成功。

"右5。"他对汉普顿叫道。

华舒特蹲在豪克身边，面对着冰海中的两个人，而那两个人在冰水里一动也不动。"上帝，他们看起来不妙。"豪克说，"快，前进10，右15。"

每个人都紧张起来。"把定!"豪克一边喊着，一边向上伸出大拇指，给在舱门外的华舒特发出信号。当飞机接近波涛翻滚的海面时，华舒特放下救生吊椅，在海面上激起了水花。他先用安全带钩住了迈，然后又冒着寒冷让肯进入了救生吊椅。

当吊椅猛地拉上直升机时，肯在离舱只1米的地方滑到了吊椅的外面，仅被一根细细的胸带拴着，像被吊在绞架上似的晃荡着。华舒特大吃一惊，急忙不顾危险，探出舱外，一把抓住了肯的肩膀，用力把他拖进机舱。随后，迈也被吊进了机舱。

"两个幸存者顺利登机!"豪克对着机载通话器欢呼着。

在去医院的路上，迈受到了强烈的震动，肯戴着输氧器七扭八歪地摇晃着。到医院时，迈的体温是35℃，肯只有32℃，整个人几乎处于昏迷状态。他们在冰水里足足泡了42分钟。

令人不可思议的是，迈和肯没有受到严重的损害，3天后他们便离开了医院。以后每年的3月5日，迈和肯都要和他的朋友开一次"幸存者聚会"，每次聚会他们在回首那可怕的经历时说："阿拉斯加是一片严峻的土地，它会教你怎样变得坚强。"

逃离"死亡沼泽"

一个初春的深夜，一架摩尼201型单引擎飞机由新泽西州方向飞来。当时气温很低，有雨和雾。飞机开始时飞得还比较平稳，但十几分钟后，机身突然失去了控制，以160公里时速向前猛冲，掠过一些大树的树顶，一头撞进了一片沼泽之中。

驾驶员叫哈特，今年38岁，是纽约市一家医院的医生。四五个小时之前，他在好朋友戴维斯家里作客，他们有很长时间没有相聚在一起了。哈特很兴奋，在戴维斯夫妇的怂恿下，他喝了不少酒，差点儿忘了自己还得驾驶飞机返回纽约。

在飞机坠落沼泽的刹那间，哈特休克了。但他很快被深夜里刺骨的寒风和冰冷的雨点冷醒了。

当哈特的神志恢复清醒时，他立即明白了刚才发生的一切。此刻他觉得眼前白茫茫的一片，而浑身每一处地方都如刀割般的疼痛。

他发现自己仍被安全带绑着，用手一摸，仪表板却不见了。飞机的前半身已经折断，深深地陷在沼泽中。

哈特想动一动身体，只觉得腿上一阵刺痛。他撑起身子往下一看，立刻吓了一跳。黑暗中，他隐约看见自己的裤子已碎成几片，左膝上的肌肉和皮肤被撕开，血肉模糊，白生生的膝盖骨裸露在外面。再往下看，更是惨不忍睹，折断的小腿骨从皮肉中戳了出来，只要稍一动作，他便忍不住发出凄惨的尖叫。

他想试着抬一抬右腿，想不到右腿也断了，血如泉涌般地流着。哈特毕竟是医生，尽管眼看这种血淋淋的景象，但心里仍然保持着镇静，不让紧张和恐惧把自己的意志打垮。

"这下完了。"他嘀咕了一声。继续检查身上其他部位的伤势。他的手由下而上逐渐摸索着。

胸部无法动弹，肋骨已折断几根。肩膀、脖子倒还安然无恙，但当手触摸到脸上时，手上碰到了粘糊糊的血液。哈特惊叫起来："我的眼睛、眼睛……"

他朝左眼摸去，从眼眶里垂下一簇裸肉，也就是说，左眼珠已脱眶而出。哈特有些绝望了："天哪，以后我如何活下去，又如何再工作？"冰一样冷的雨水落在他的脸上、身上，他冷得瑟瑟发抖。

血，不停地从伤口往外流，时间是午夜零点。哈特知道，如果就这样待下去，即使不是出血过多而死，也会冻死在沼泽地里的。

他咬紧牙关，拼命克制住内心的绝望和浑身的剧痛，竭力找寻拯救自己的办法。他忽然想起飞机上有紧急定位发报装置。这种仪器通过人造卫星的帮助，可以让援救人员知道准确的坠落地点，及时赶来营救他。可是，他摸索到的发报装置却已撞坏了。

现在，哈特处于彻底孤独无援的绝境，寒冷使他的牙齿直打战。身体痛苦地蜷缩起来。他决定爬到机翼下暂时躲一躲。这是目前他唯一能做的事。

哈特慢慢放下座椅，然后一厘米一厘米地往后移，每移一步，他都忍受了巨大的痛苦。他的手紧紧抓住已经毁掉的左腿，以免它造成阻碍，拖着毫无作用的右腿，十指抠着泥地缓缓爬行。从他座椅落地的地方到机翼仅仅三四米远，然而对于每时每刻都承受着伤痛煎熬的哈特来说，这段距离实在太漫长了。鲜血淋淋的伤口擦着冰冷潮湿的泥地，疼得他龇牙咧嘴，有时会控制不住而发出类似野兽的嚎叫，连他自己也不能相信会发出这样的声音。他每移动几厘米，就不得不停下来大口喘气。当他终于能摸到机翼的时候，已足足花去了四十分钟，在他的身后，留下了一条弯弯曲曲的血痕。血顺着他的腿往下流，每流一滴血，他就向死亡逼近一步。

哈特无力地瘫倒在机翼下，这三四米路已经耗尽了他全部的力量。他感到生命正在一点一点地离开自己的躯体。他无法估计自己究竟流了多少血，不知道自己还能支撑多久。哈特身为医生，而且个性顽强，平时最憎恨面对危急一筹莫展的人，但此刻他对自己也无能为力了。他开始觉得自己必定不能获救了。有一刻他简直希望快点死去。眼下只有死才能解脱他的痛苦。

他闭上了仅存的右眼，默默等待死神的降临。忽然，几滴冰凉的液体滑过他的面颊，那是细微的雨点，还有不知什么时候淌下的泪。想到在纽约家中等待着他的妻子和两个可爱的孩子，还有许许多多病人信任的目光，他的眼睛又一次湿润了。他突然想起了他读过的杰克·伦敦的那篇小说，里面的主人公战胜了无法想象的困难终于活了下来。他精神一振，用那只没有受伤的眼睛仔细观察了四周的环境，喃喃地说："我要活着走出这片死亡沼泽！"

哈特支撑起身子，用力撕开自己的衬衣，忍住剧痛把伤口扎紧。幸好他刚才摸到了放在座椅边的大衣，他把整个身子蜷缩在大衣里，一动不动地倚靠在机翼边……

整整一夜，在纽约的哈特的亲属也在到处寻找他。他的妻子向警察局报了案。警察局立即出动了直升飞机和警车，沿着哈特可能到过的每一个地方进行搜索。

终于，通过无线电报告他们发现了降落在沼泽地里的那架摩尼201型单引擎飞机。

警察以最快的速度赶到这片沼泽地边缘时，却被一道百米宽的水域挡住了。他们已经看见了对面那一坠为二的两截机身。警察穿着厚毛毡鞋涉过冰冷的水域，越走越往沼泽地里陷得厉害。他们甚至怀疑那个倒霉的驾驶员是否还活着。

当警察们找到哈特时，被眼前这个人吓了一跳。他的面孔像一张魔鬼的面具，脸色惨白，脸上和身上到处是凝结的血块，压成碎块的左腿看了更使人心惊。

"真想不到上帝还让我活了下来。"哈特露出了艰难的笑容。

哈特被送往纽约市某大学的外伤中心。医生们无不为之震惊。一个人能在身体受如此重伤并大出血的情况下顽强地活着，真是生命的奇迹。

雪山上的 "SOS"

　　左上方的一块岩石突然活动起来，骨碌碌地从白茫茫的雪山半山腰向下滑落。"糟了，雪崩!"朱那汉·巴利脑中闪过这个念头，随即本能地想抓住点什么。然而，"轰隆隆"一声巨响，大大小小的石头相互推动，飞滚而下，扬起了漫天的尘雾。

　　巴利的身子紧紧贴在雪山上，双手牢牢地攀住一块突出的尖石头。忽然，他感到身上像被什么东西猛击了一下，双手不由地松开了。巴利绝望地紧闭双眼，人完全失去了控制，从山坡上滚了下去……

　　一阵剧痛使昏迷过去的巴利渐渐苏醒了。当他意识到自己还活着时，挣扎着想挪动一下身体。可是，他浑身的骨头像散了架似的，怎么也动弹不了，只感到左腿一阵钻心的痛。这条腿已经断了，巴利悲哀地想。他无力地倒在地上。

　　这时，暮色正在渐渐地笼罩着澳大利亚雪山。连绵起伏的雪山在苍茫的暮色中闪烁着神秘的光泽。四周是一片荒野，显得格外静谧。

　　有一刻，巴利真有些后悔，不该不听朋友的劝阻，独自一人来爬这座雪山。他凭着多年的爬山经验和年轻力壮的体魄，并没有把朋友的话放在心上。

　　"难道就这样等待死神的降临吗？"巴利默默地想。他不能就这样离开自己的亲人，告别自己挚爱的大自然。"不，我一定要想办法活下去!"想到这里，一种神奇的力量使他忘记了痛苦、饥寒和疲劳，开始迅速地思考如何获救的办法。正在这时，远远的、灰蒙蒙的天空中出现了一个小小的点子。巴利定睛一看，这个点子在移动，可能是一架飞机!巴利心中一阵狂喜，情不自禁地挥舞双手。只要把飞机的注意力吸引到这里，他就有救了!

巴利一下子振作起来，艰难地拖着伤腿，在地上爬着寻找可以点燃的树枝。但是，他的电筒、打火机也在他滚下山时丢失了。

那个点点越来越大，可以确认那是架飞机了，飞机在向这里靠近。怎么办？巴利急得手心都捏出汗来了。

他的手触到了一个硬梆梆的东西，是他的背包。背包没有在滚落时丢失。巴利突然灵机一动，想到了自己带着的"武器"。他飞快地从背包里取出一把回力镖。这种镖是澳大利亚当地居民用坚木制成的。要知道，巴利是位飞镖专家。早在他还是个孩子的时候，就迷上了飞镖，现在他无论到哪里，总要随身带着它们。

巴利似乎从他的回力镖上找到了生存的希望。他顾不上一阵阵袭来的伤痛，又从包里找到了用作路标记的荧光漆，迅速地涂在镖上。立即，一支支回力镖泛出了银闪闪的光泽。

这时，飞机已经出现在雪山上方，可以隐约看到它的轮廓了。巴利使尽全身力量，站了起来，抢起右臂，一支接着一支地用回力镖向夜空中划着漂亮的弧线。

与此同时，驾驶这架飞机的纳汉·赫莱惊奇地发现，在雪山上方的天空中有一种银光闪闪的东西飞到五层楼似的高度。这下引起了赫莱的注意。他降低飞行速度，仔细观察，发现那银光闪闪的光在空中划出的竟是一个"S"，整个过程持续了15分种。

赫莱意识到，这里一定有人遇到了危险。他立即向当局发出电讯，准确地通报了出事方位。

一小时后，一架直升飞机降落在雪山附近。救援人员很快发现了又一次昏迷过去的巴利。

巴利用回力镖使自己获救的事引起了人们的兴趣。大家对这位顽强而聪明的年轻人充满了敬意。目前，巴利正在埋头于研究，希望用回力镖通报紧急事故的新技术能得到广泛运用。

◎ 天人和谐 ◎

　　地球已存在几十亿年了，大气、海洋、河流、山脉、陆地的形成，有着它自身的规律。地球上的生物已产生几千万年了，仅有几十万年发展史的人类显得如此年轻。

　　世间万物和生灵们共享着一个地球，天、地、人，万物和谐才能保持这个世界的稳定和平衡……

在鲨鱼和海豚之间

1988年8月，美国加州的斯特洛德和妻子琳达来到了美洲的一个度假胜地——科苏梅尔岛，这是一座风景迷人的石灰岩小岛。

这一天，他们驾驶着吉普车在岛上漫游，不知不觉地来到了小岛的边缘。他们被眼前水天相接，蔚为壮观的景象迷住了。特别是天然形成的一个小泻湖，水波平静。这对潜水员夫妇见到这样理想的潜水场所，不禁心花怒放，他们决定进行一次海底探险。

第二天，他们带着呼吸器等潜水装备，驾车来到湖边，两人穿上潜水服，戴上水下呼吸器。斯特洛德为防身，还随身带了一根防鲨棒。

斯特洛德和琳达在水下，被奇特的海底世界迷住了。渐渐地，他们游到了峡口，忽然，他们觉得有一股暗流向他们冲来，琳达差点被冲出峡口，斯特洛德觉得不妙，赶紧拉住琳达，准备返身离开。

突然，一大一小两条黑影在远处出现，水波更加动荡不安，俩人被冲得打起转来，好像身体已不受控制。斯特洛德担心，会不会是水中的猛兽。

他们背对背站定后，仔细寻视，那两条黑影逐渐靠近了，原来，是一头雌海豚和一头雄海豚。他们还发现，小海豚受了伤，周围的海水都被染红了。海豚边游边发出"啾啾"声，似乎在向远处的同伴发出求救。

他俩心里刚平静下来，很快又意识到真正的危险还在后面。因为小海豚显然是受了鲨鱼的攻击，而鲨鱼正顺着它的血腥味追击呢。

还没容得两人行动，一条巨大的黑影已从海底游来。他们感到心就要跳出来了，一眨眼工夫，面前出现了一头长约3.5米，重约230千克的虎鲨。看上去这头虎鲨十分凶猛，它背部是深褐色的，伴有暗色的条纹，腹部是白色的。它微张着巨吻，鼓着腮，鼻孔不停地抖动，它正嗅着水中的血腥味，黑眼睛闪着令人恐怖的光。

想逃已来不及了，两人只好一动不动，准备见机行事。虎鲨看了他们一眼便迅速游过去，好像对两人不感兴趣，看来，它的目标是那只小海豚。他们想，为避免意外，还是尽快回到浅水区比较安全。

斯特洛德和琳达静静地向海滩游去，他们尽量使动作放轻，以免振动水波，引起鲨鱼的注意。在游了100米的时间里，鲨鱼和海豚不知到哪里去了。

然而，斯特洛德并没有定下心来，反而感到奇怪的害怕，他似乎预感到在平静之后将有一场暴风雨袭来。

当他们继续前进时，斯特洛德猛地感到右侧有个巨大的物体在向他们靠近。他警觉地扭过头来，只见那条虎鲨再次出现，并且迅速地向他们扑来。斯特洛德没有慌张，他知道如果不拼命抵抗，只能被鲨鱼吞掉，他猛地朝向鲨鱼，拿出防鲨棒向鲨鱼捅去，这一下，正好戳入鲨鱼的腮帮，但这似乎对鲨鱼并没有造成什么威胁。巨鲨张大它那有着锯齿的嘴巴，继续向他逼近，想一口把斯特洛德咬住。

斯特洛德使出浑身力气顶住防鲨棒，不让鲨鱼靠近，鲨鱼一次次张开利嘴，发出"啪哒"的咬合声，令人惊恐，毕竟人的力量有限，鲨鱼已碰到了斯特洛德，并咬碎了他的潜水服，他的胸部渗出了鲜血。过了一会儿，他终于坚持不住，剧痛使他倒下去。

琳达见此情景，一边游到斯特洛德身边去保护他，一边拔出潜水刀，准备与鲨鱼展开最后一搏，刀刺入了鲨鱼的喉部。

鲨鱼这一下尝到了人的厉害，血从它的喉部流出来，染红了海水，虎鲨变得更加地狂躁起来，它在水中发起狂来，将头朝海底猛压，腮边的防鲨棒"啪"的一声分成两截，一截被它甩掉，一截留在了斯特洛德的手中。

之后，鲨鱼便向惊呆了的斯特洛德和琳达扑来，它张开大嘴，向两人咬来，两人无力再避让，等待着死亡。

正在这时，那头雌豚如同天兵天将出现了，它猛地一下将鲨鱼从他们身边撞开，鲨鱼被这沉重的一击打昏了头，痉挛地在水中乱窜一气，两人恍然大悟，原来海豚来救他们了，否则，后果不堪设想。

当那条鲨鱼回过神来时，它仍不罢休，又逼向斯特洛德和琳达。那凶残的样子令人望而生畏，正当鲨鱼向他们靠近时，雌海豚忽然以迅雷不及掩耳的速度向鲨鱼冲来，用头部猛烈地撞击虎鲨的胸鳍，虎鲨的吻部猛地冒出了一个大血泡，黑红黑红的。

这次的遭遇使鲨鱼再无心去对付两人，它掉转头来，向海豚追去。两头海兽在不远处的地方撕杀起来。

斯特洛德和琳达趁此机会又向海岸游去，忽然，那条小海豚从他们身边掠过。斯特洛德担心起来，因为小海豚一走，雌海豚就会随之而去，这样鲨鱼追上他俩可就完了。

他们不顾一切地向前游去，希望能摆脱鲨鱼的纠缠，然而，不久，他们发现了前方15米处，鲨鱼又出现了，幸亏海豚离它不太远。鲨鱼再次向斯特洛德夫妻逼近。斯特洛德紧握手里剩下的半截防鲨棒，只等鲨鱼靠近，虎鲨离他只有3米了，突然，那只雌海豚又迅猛地冲了上来。从他们之间穿过，使鲨鱼的阴谋无法得逞。鲨鱼见自己既吃不到两个人，又对付不了海豚便愤愤地向峡口游去。海豚像是在告别似的，在他俩身边绕了几圈，然后也向前方游去。

斯特洛德和琳达这才得以生还，他们走上海滩时，已是疲惫不堪。经过这么一场劫难，他们变得茫然不知所措，刚才发生的事又好像梦一般。当看见斯特洛德身上的血迹时，他俩才一下想起得赶快上医院。

几天后，他俩便离开了小岛。这次奇遇给他们留下了终身难忘的印象，特别是那头救了他们的雌海豚将永远值得他们尊敬和怀念。

呼唤鲨鱼的人

"盖塔尼，你在哪里？神奇的树叶在召唤，出来看看我吧……"在所罗门群岛的海面上传来亨利酋长一声声呼唤。不一会，环礁湖上掀起了白浪，一条4米多长的大鲨鱼猛地出现在人们面前。它呼地一下擦过了独木舟，差点儿冲上海滩。就在这一刹那间，鲨鱼转过身围着独木舟兜起圈子来。它用背脊轻轻地摩擦船舷，亨利一探身抓住鲨鱼的背鳍，这条相貌凶恶的巨鲨就拖着小船向前疾游。

所有在场的人都惊呆了。连研究鲨鱼多年的澳大利亚动物学家伯恩·克罗普也从未见到过这样的怪事：鲨鱼丝毫没有加害酋长的意思，在镇定而自然的酋长面前，它就像一头温顺的看家狗。在所罗门群岛，年逾花甲的亨利·加蕃尤格酋长远近闻名，他是当地几个能呼唤鲨鱼的长者中最有能耐的一个。

伯恩为什么来到所罗门群岛？他是为了寻找亨利而来的。所罗门群岛的人信奉鲨鱼教，他们把鲨鱼尊为自己的祖宗。祭祀时，人们用猪血和猪内脏喂鲨鱼，到了关键时刻，鲨鱼神就会保护他们。人们还说，有一位名叫亨利的酋长能呼唤鲨鱼神，他是人类和鲨鱼间的"联络员"。于是伯恩便动身去找亨利。

为了寻找亨利，伯恩辗转来到了托哥村。才到村口，就远远看到村民们怀抱吉他，围坐在篝火旁弹唱。他们的歌声优美动人，有一种特殊的魅力。歌声告诉这位不速之客，很久以前，托哥附近的环礁咸水湖里，生活着一条叫坦加莱的鲨鱼神。它神通广大，心地善良。一次又一次挺身而出，维护了托哥村的和平和安宁……村民们一边弹唱，一边往水里扔死鱼。腥味引来许多饥饿的小鲨鱼。可是坦加莱始终没有来。

村民们热情地告诉伯恩：亨利不住在这里，他在西边几十千米外的塔科拉村当酋长。

伯恩乘船来到塔科拉。不巧，亨利架舟外出捕鱼去了。闲谈中，村民们对酋长的神技崇拜之至。他们指着不远处的海面说，亨利经常在那儿与一条名叫盖塔尼的鲨鱼神相会，他俩用一种特殊的语言交谈。说着说着，不知谁拿来了吉他和尤克里里琴（一种四弦琴），人们就唱起鲨鱼盖塔尼的颂歌：

古时候，一位名叫科萨果阿的少女，肚里怀着鲨鱼来到这里。在一个风雨交加的夜晚，她紧抱一棵大树生下了鲨鱼。这时，狂风刮着树叶发出哗哗的响声。少女就给鲨鱼起了个名字——盖塔尼，意思是"风雨之夜"。

小鲨鱼盖塔尼一天天成长起来，胃口越来越大，并开始吞吃人。乡亲们气愤极了，就把鲨鱼撵了出去。盖塔尼只好从一个地方流浪到另一个地方，它跑遍了整个所罗门群岛，可还是改不了吃人的习性。

后来，在瓜达尔卡纳尔岛，盖塔尼和所罗门群岛上最有名、最强大的鲨鱼神贝阿萨乌相遇了。那是一场殊死的战斗，结果，盖塔尼赢得了胜利，并夺取了贝阿萨乌的娇妻。从此以后，心满意足的鲨鱼就再也不吃人，它回到了自己的故乡。

歌声尚未停息，海滩上却传来一阵欢呼声：亨利酋长回来了！只见他划着一叶简陋的独木舟，舟上支着一张当作篷帆的棕榈片，手里一把小小的桨划得飞快。独木舟穿过环礁湖来到岸边，伯恩连忙迎了上去。

伯恩举起手来向这位传说中的鲨鱼召集者致敬，并反复打量他。他的样子很普通：神情威严，头发花白，腆着一个圆滚滚的大肚子，很有酋长的气度。

伯恩谈了自己的打算。亨利欣然答应去把盖塔尼唤来。他说，干这事得先用牙嚼碎蒟酱的坚果，以便松弛一下自己的神经。然后，再带上特别的具有魔力的树叶出海去。

黄昏时分，环礁湖上空回响起嘹亮的呼声："盖塔尼，出来吧，这里有我施过魔法的树叶，来吧……"

可是，鲨鱼始终没有来。亨利见这位动物学家疑窦丛生，便安慰道，他想再等几个时辰，要是鲨鱼听到他的呼唤，一定会摇动他的小船。

第二天一早，伯恩去看亨利，亨利的回答很令人失望："大概是运气不好，盖塔尼没有收到信号，呼唤失败了。"不过，他很自信，他说："只要有信心，有耐心，一定能叫到盖塔尼。"亨利约动物学家两星期后再见面。

伯恩离开塔科拉村，前往马莱塔海岸的劳拉锡岛。此行目的在于查明在所罗门群岛流行的鲨鱼教的起源。

劳拉锡岛是一个非常古怪的小岛。无数经过加工的珊瑚板环绕整座岛屿砌成一座城池，城池里坐落着一个村庄。村里有四通八达的小路，一直通向城墙的豁口，村民们就经过这些豁口划船进出。

所罗门群岛的沿海地区有不少类似的城池，它们都是从19世纪残忍的高地人手里逃出来的土著居民的杰作。因为高地人没有小船，逃亡者便在礁石上叠起具有威尼斯风格的城墙。

伯恩上了岸，去拜访那位名叫博锡克鲁的鲨鱼教大祭司，听说他也能呼唤鲨鱼。一路上，伯恩看见许多岛民在路边茅屋里忙碌。这就是岛上的主要工厂——贝壳货币制造工厂：妇女们围坐在地上，把当地生产的一种红色牡蛎的贝壳，削成一个个小方块；其余的人则熟练地使用原始的锥子在每一块贝壳上钻洞，并用绳子把它们串成大约6米长的粗糙项链。接着，工人们再捧着项链，用肥皂水搓啊，揉啊，把它们加工得更光滑。

在劳拉锡岛上，一串贝壳钱币约值20美元，而一个新娘的牌价却是150美元。这就是说，新郎娶新娘前必须买7-8串贝壳项链送给未来的岳父母。工人们自豪地说，整个所罗门群岛只有劳拉锡和附近的亚历特岛每年生产价值25000美元的钱串。

参观了岛民们采集红壳牡蛎，伯恩终于明白了为什么此地会盛行鲨鱼教。红壳牡蛎都长在水面下5-8米的珊瑚礁上，要把这些粘得牢牢的贝壳用石块砸下来，就必须戴着原始的护目镜潜入海中。人们在水下采集，很容易受到四处游弋的鲨鱼的袭击，因此他们盼望有自己的水下保护者，鲨鱼教就这样产生了。

劳拉锡岛一向是采集贝壳的中心，几乎岛上的每一个人都信奉鲨鱼教。这些鲨鱼教徒认为，一切鲨鱼都是神圣不可侵犯的，是祖先的灵魂。只要对鲨鱼虔诚，它们随时随地都会前来保护你。通常，游泳者在水下剧烈活动会招来吃人的鲨鱼。可是，这类惨剧在所罗门群岛极少发生。这大概是鲨鱼神在起作用吧！

回到塔科拉村，伯恩发现亨利正拖着一条伤腿在花园里踱行。一问他，才知道是因为不小心滑进一个很深的礁石裂口。亨利的腿伤得不轻，当然不能马上会见盖塔尼。伯恩买来抗菌素，还请了一位经验丰富的护士。

3天后，亨利感到腿已经好多了。他急着想跟盖塔尼会面，就叫孙子取来几片神奇的树叶和一只盛满蒟酱果的口袋，一瘸一拐地来到海边。

亨利面向大海，双目紧闭，口中不住地喃喃自语，好像进入了梦幻世界。蓦地，他睁开了眼睛，挥动那神奇的树叶，大声地呼唤："盖塔尼，你在哪里？这里有我神奇的树叶，来看看我吧……"天刚黑，亨利就驾船去接收鲨鱼的信息，并约伯恩明晨再相会。

拂晓，伯恩走上甲板，希望能碰巧看见盖塔尼巨大的鱼鳍，但他失望了。他发现亨利正在沙滩上翘首张望，便跳下船走了过去。

就在这时，海面上忽然翻起波涛，一条黑糊糊的大鱼箭一般地游向岸边。盖塔尼，盖塔尼终于来了……

人类到底能不能跟动物进行信息交流？这种交流的物质基础是什么？围绕这个问题目前存在几种假说。

以美国伊利诺斯大学的心理学家罗伯特·詹森为首的一些科学家认为，动物能像人类那样思维，它们的思维能力远远超出了我们的想象。美国马里兰大学的尤金妮·克拉克就是这些科学家中的一个，她用实验证明了鲨鱼具有良好的思维能力。尤金妮将正方形的白木牌放在鲨鱼池一端，训练鲨鱼学会用头部推木板。几条鲨鱼只花了5天时间就掌握了这套动作，令人惊奇的是，几个星期以后，鲨鱼竟然还记得这些动作。鲨鱼能不能跟人类进行远距离信息交流呢？一位名叫夏尔·里希特的科学家认为，动物不仅具有思维能力，而且和人一样具有某种特殊的感觉形式，即所谓的第六感觉。它们能利用第六感觉和人类进行信息交流。

反之，美国普林斯顿大学的生物学家詹姆斯·古尔德对此则不以为然。古尔德认为，动物的行为都是无意识的动作。他以为，从解剖学的角度来看，动物的大脑并没有人脑发达，而且也不存在人类特有的语言中枢。正因为如此，认为鲨鱼是因为"听懂"了人话才冒出水面的想法是十分荒谬的。

可是，这种说法并不能解释为什么只有鲨鱼盖塔尼才听到了人的呼唤，为什么只有亨利才能够把鲨鱼招引到身边。人们完全有理由相信，随着现代科学的发展，这个谜总有一天会被解开。

亚马孙河与印第安人

　　1976年8月9日，以法国探险家帕特里斯·弗朗塞斯希为首的一支远征队一行三人，登上哥伦比亚武装部队的一架飞机，越过条条峡谷，飞过重重峰峦，来到了特雷斯埃斯吉纳斯——一个通向亚马孙的必经小镇。

　　这支远征队原准备只在小镇上逗留一个小时，打听一下当地的情况，弄一条能在大河上远航的船。

　　太阳光从头顶射来，船长太太给他们准备了午饭，每人一大盘木薯。弗朗塞斯希此刻想起了他曾在非洲赤道丛林中数月的探险生活，在那里，同样是这种木薯，伴随了他整整半年的探险生活。现在，吃着南美丛林中的木薯，使他感到自己向亚马孙腹地更靠近了。

　　8月13日清晨7时，弗朗塞斯希从沉睡中醒来。天气奇热，一团团蚊子嗡嗡叫着向他们扑来。蚊子的个头特别大，嘴巴又尖又长，常常钻到他们耳朵、鼻子里去，甚至一打呵欠，蚊子竟一下子吸进喉咙里！

　　木船渐渐进入亚马孙河流域，河面越来越宽，每当他们从各个大小岛屿间经过时，成千上万只受惊的鸟会一齐飞入高空，遮天蔽日，黑压压一大片，情景蔚为壮观。

　　这时候正是亚马孙地区的雨季，暴雨说来就来，打得河面和陆地白茫茫的一片。

　　探险家们趁雨停，天放晴的间歇，赶紧擦拭相机和电影摄影机，检查胶卷。这里空气很潮湿，一些未开封的胶卷也已返潮，但这又有什么办法呢？

　　船继续前进，河里的水始终呈赭石色，激起的波纹还没来得及辐射到岸边就消失不见，更显得河水的浑浊。两岸仍是无垠的参天树木，虽不是水龟产蛋季节，但法国著名科幻作家儒勒·凡尔纳在《大木筏》一书中描写的亚马孙河龟上岸下卵的景象已呈现在眼前，一群河龟正在慢慢地爬上沙丘，晒着太阳。

最初的航行单调、寂寞、平静，他们终于抵达了这次探奇旅行的第一大站阿拉拉夸拉。告别了送他们来到这里的船长，那条桑塔里卡号木船，在完成了运送任务后，很快就启程返航了。

离阿拉拉夸拉不远处，是一片热带丛林，站在几十米高的大树底下，弗朗塞斯希顿时感到自己无比渺小。他仰脸眺望树梢，视线被林间极为茂盛的灌木遮没，根本望不见大树的枝叶。地面铺满一层层落叶，在上面行走，仿佛踩在厚厚的海绵上。纵横交错的树根露出地面，盘根错节，千姿百态，为丛林增加了神秘莫测的色彩。

热带雨林中到处都开着形状奇特、香气诱人的鲜花。千奇百怪的藤本植物，弯弯曲曲，找不到尽头，寻不见根源。有的缠成一团，有的从此树攀悬到彼树，仿佛是专为冒险家架起的天桥。还有藤蔓缠着的无数色彩斑斓的寄生花，远远看去，宛如丛林巨蟒悬游在几棵树之间，令人毛骨悚然。周围到处都是一片绿色的海洋，阳光在这里似乎也被染上了青绿的色泽，给人以虚幻的感觉。

林间小道忽上忽下，阴暗曲折，需要披荆斩棘方可前进。一路上无数小河谷挡住去路，他们不得不经常涉水过溪。小溪的水色锈黄，与周围的绿色树林形成对照，又因终年不见阳光，赤脚浸入水中，不禁寒意传遍周身。

傍晚时分，他们艰难地穿过一道树障——每棵树之间的距离只有几十厘米，树干直径达1米左右，但没有树叶，挺拔向上，只是在离地面约20米处长着浓密的叶子，树枝交织在一起。

林中，有一种呈灰白色的草叶像刀片一样锋利，刚割破皮肤时只有些痒感，但很快就变得剧痛。为了防止发生意外，弗朗塞斯希一行全副武装，除长裤长袖衬衣外，还戴上手套，脸部用毛巾包裹，只露出一双眼睛。

快到山巅时，大家累得腰酸腿疼，只好停下来稍事休息。弗朗塞斯希极目远眺，顿感心旷神怡，四周群山起伏，犹如苍龙欲腾空而起，亚马孙河蜿蜒在丛林的苍海之中，时隐时现，变幻莫测。这时，弗朗塞斯希才真正领会到安第斯山的雄伟气势与亚马孙河的美离景色。

后来，他们在阿拉夸拉找到两条独木船，又踏上了远航的旅程，回到了大河的怀抱。

此时，旭日还没有驱散河面的雾霭，他们沿着赭红色的河岸行驶，河床里不时地闪现奇形怪状的树，它们那弯弯曲曲的枝杈伸出水面，指向天空。缓缓的流水摇曳着这些残枝上长出的新叶，好像有人在水中拨弄着树干。

小船出发不久，一只鹰从头顶飞过，弗朗塞斯希一枪把它击落在河滩上。鹰肉并非佳肴，但在这食物稀少的旅途中，这也是不可多得的好食品。

快到中午时，岸上树丛中传来一阵簌簌声，他们赶紧操纵小船悄悄向右岸靠去。忽然，眼前出现了一幕丛林中生死搏斗的残酷场面：一只斑斓的美洲豹飞快地潜入了丛林，惊魂未定的貘则纵身跃入水中。"砰！"一颗子弹在貘的脑袋旁溅起了一片水花，貘吃力地向对岸游去。这时弗朗塞斯希发现没有子弹了，于是向另一条小船上的于格大声呼喊。弗朗塞斯希接过于格递过来的枪，终于结果了它的性命。

小船飞快地驶了过去，捞上死貘。这是一只成年大貘，比小牛还要肥大。帕斯卡尔剥去了貘皮，只留了腰部、臀部和腿部几块好的肉，弄得满身血迹。但一想到今晚可以饱餐一顿，大家也就相视而哈哈大笑了。

中午时分，阳光照在河滩偶尔出现的沙丘上，令人目眩，河面则越来越宽。两个小时后，他们在一个残存的破茅棚前靠了岸。其实，所谓茅棚，仅仅是沙丘上竖着几根木桩，上面的顶棚早已不复存在。不过，这个地方很适合扎营。

大家格外愉快，哼着小调准备晚饭和吊床。可不幸的是，不到几分钟他们的四周爬满了成堆的蚂蚁，树干上也是黑糊糊的一片。难道他们闯进了蚂蚁国？无奈之下只好撤走，退到了船上。

他们在河里打入几根木桩，在河面上悬起吊床。这时，帕斯卡尔忙着给吊床最后加固一下，于格在河里洗澡，弗朗塞斯希坐在小船上写日记。偶尔从行李袋上爬来几只蚂蚁，弗朗塞斯希伸手将它们掸入河面。

第二天起床后，大家惊呆了：吊床下的行李袋上又爬满了千万只白蚁，费了好大的劲才把它们消灭光。

天边出现了乌云，一场大雨即将来临。为了洗一个天然淋浴，帕斯卡尔和于格脱去了衣服，而弗朗塞斯希则拿出了大披风。雨开始铺天盖地地倾泻而下，河面飞起了无数水花。大披风在雨滴的拍打下发出刺耳的声音。他们蜷缩在木船里，任凭风浪颠簸，随流水漂泊。

突然，一股大风从岸上刮来，河面卷起了巨浪，小船在水中上下狂颠，情况十分危险。他们立即决定靠岸躲避，但已经太晚了，一个涌浪向他们扑来，弗朗塞斯希大喊一声：

"放下桨板，于格，快舀水!"

不等他把话说完，第二个巨浪以排山倒海之势压了过来。

"快舀水!"

他话音刚落，第三个恶浪把小船推向浪峰，抛在空中。小船摔了下来，被埋在深水中。弗朗塞斯希情急中脱下大披风，觉得自己在向河底沉去。

弗朗塞斯希拼命挣扎，两条腿使劲地蹬。河水汹涌，水草一会就把他的脚缠住了。幸好他抓住了船舷。

大雨滂沱，巨浪澎湃，弗朗塞斯希竭尽全力向岸边游去。最后他总算爬上了岸，抖落了全身的泥草和水，这时他才发现，小船和帕斯卡尔、于格都被大浪吞没了。

弗朗塞斯希心情沉重地朝森林走去，走了好久好久。突然，于格的声音在远处响起，这喊声十分遥远、十分吃力。弗朗塞斯希用随身带着的一把小砍刀砍着河滩上的荆棘和藤条，沿着河水循声寻去。

他看到于格此刻正死死抓住小船，而帕斯卡尔则趴在一段树干上，捞着漂在水面的胶卷盒。

弗朗塞斯希急速冲向河中，一边奔，一边大声地呼唤他俩。几分钟后，三个人站在岸上，面面相觑，难以相信对方依然活着。静静地对视片刻后，三人几乎同时放声大笑，这笑声包含着患难中建立的友谊，充满着死里逃生的快慰。

后来，他们坐独木舟来到了北去的米里蒂巴拉那河口。驶入该河，周围的景色同坦荡的卡克塔河截然不同，眼前的一切织成了一条绿色的林荫大道，两侧是绿色的屏障。河面虽然不窄，但河道弯曲多变，晚上，他们在几个荒凉的茅屋前靠了岸。他们猜想这大概是印第安人搭起的茅棚。

弗朗塞斯希决定在此过夜，他们带上毛巾、肥皂准备先去河里痛痛快快洗个澡。

他们向左右环视了一下，确信不会有人来打扰，便脱光衣服，赤条条跳下河去，洗刷去一路风尘。

正当他们洗得高兴，要上岸时，茅棚的后面突然走出几位长发妇人，"喳喳吃吃"的笑语裹挟着一阵风来到河岸边。

三个人吓得赶紧往水里藏，瞪着眼睛看她们，不明白她们想干什么。忽听其中一位妇女用生硬的英语问道："你们是什么人？"

"我们是法国人。"

"到这里来干什么？"

"来亚马孙河探险的。"

"你们知道这里是谁洗澡的地方吗？"那位妇人脸露愠色。

"不，对不起，我们不知道。"三个人面面相觑。

"哇——！"一阵轰笑，印第安妇人看着他们狼狈的样子，逗乐了，也饶恕了他们。

听说亚马孙河里有食人鱼，而印第安妇人在河里却洗得是那么从容不迫。三个法国人逃到茅屋里穿好衣服，却一时也走不脱，因为，那些印第安妇人此刻正在河里洗澡呢。

等她们洗完澡穿好衣服上来后，他们才敢走出茅屋，刚要回到独木舟上去，那个会讲英语的妇人开口了，"站住，请到我们寨子里去作客。"

"作客？"三个法国人迟疑地问，可还没等他们答应，却早被她们用手臂挟着，簇拥着往森林深处走去。

印第安人的村寨在林中一开阔地上。一个个帐篷，看上去像是永久性的，又像是临时性的。

听说来了三个欧洲人，印第安人都跑来观看，特别是小孩子，还动手摸摸他们的手脚。

探险家们虽然对这一切觉得有点新鲜，却也有点恐惧，因为他们听说印第安人像亚马孙河一样凶悍。但主人脸上堆着友好笑容，这使他们稍稍感到宽慰。

消息不久传到头人那里，头人在勇士们的簇拥下，亲自前来迎接。那位会说英语的妇人用印第安语向头人嘀咕了几句，显然是在解释这些欧洲客人的来历。

"欢迎你们，欧洲来客。"当那位"女翻译"把头人的话传达给他们的时候，探险家们悬在嗓子眼的一颗心才放了下来。

"请——"头人把他们请到了一个略显气派的帐篷里，并马上端来大碗的酒和肉，热情款待。

他们受宠若惊，便把自己的来历和经历通过"女翻译"讲给满满一帐篷的人听。法国探险家从印第安人不时发出的惊讶声和"啧啧"的赞叹声中，明白了人们对他们事业的理解。

弗朗塞斯希知道印第安人为人豪爽，也最崇敬英雄。果然，头人听完他们的故事，便站起身来向他们鞠躬，表示深深的敬意。

头人崇敬的人当然是部落居民心目中的伟人，众人纷纷前来敬酒。帐篷里充满着欢乐的笑声。酒过三巡，头人起身邀请他们三人出帐篷。原来帐篷外已燃起熊熊篝火，部落里的印第安人已在篝火周围围成一大圈，正等着贵宾。

三位法国人兴奋极了，篝火闪动的光照在脸上，显得红光满面，他们打着手势和印第安人进行"谈话"。歌声、笑声、粗竹筒烟斗里的咕噜声立刻回荡在河边的这个印第安人部落里，撕破了寂静的夜空。印第安人豪放的舞姿伴着那激越人心的鼓声，把亚马孙河畔的夜给搅得激荡不已。

于格感到这是一个好机会，于是拿起摄影机忙了起来；帕斯卡尔的照相机也捕捉了一个又一个难得的镜头。

11月16日，他们终于踏上了归途。由于连日来疲惫不堪，加上骄阳炙人，他们真有点支撑不住了，一上船便躺倒在舱内。

他们回到卡克塔河，不久又转道到了波哥大。当弗朗塞斯希、于格、帕斯卡尔坐在飞机里越过安第斯山脉时，他们回过头去，透过舷舱贪婪地最后看一眼奔腾在南美洲的世界第一大河亚马孙河以及那苍茫无垠的丛林。

他们默默自语：

"再见了，神秘迷人的亚马孙河！再见了，与亚马孙河融为一体的印第安人！"

鲸腹中的一天一夜

这是捕鲸史上最富有传奇色彩的事件，一名落水的船员，竟然奇迹般地在鲸腹中度过了一天一夜。

1891年2月，一个阴沉沉的日子，英国捕鲸船"东方之星"号，驶入南福克兰群岛附近洋面。经过两个多小时的海面搜索，主舱杆上的瞭望员报告说：前方发现一条抹香鲸。

抹香鲸又名巨头鲸，是齿鲸中最珍奇的种类，经济价值胜过一般鲸族成员，因此成为猎鲸者的主要目标。

"东方之星"全速前进，靠拢抹香鲸后，从船上放下两艘小艇。艇上各有6名水手，他们奋力划着桨，从左右两侧朝巨鲸逼近。"嗖！嗖！"两艘艇上的水手几乎同时投出猎鲸标枪，一枪落空，一枪命中。带钩的钢矛扎进鲸的肌体，巨鲸痛苦地翻转身躯，朝小艇猛冲而来。它那3米多宽的巨大尾鳍，高高举出水面，然后狠狠打在右侧小艇上，把小艇打了个底朝天，6名水手全部落入水中。

这时，"东方之星"上接连射出钢矛和标枪，抹香鲸身上顿时伤痕累累，鲜血直流，吃力地朝大海深处逃去。捕鲸船紧追不舍，经过1个多小时的搏斗，终于将巨鲸杀死于海中。落海的水手被救起5人，只有1个叫杰姆·巴特立的年轻水手，再也找不到了。

当天下午，"东方之星"靠了岸，将抹香鲸庞大的身躯拖上船。整个下午和上半夜，水手们忙着割取鲸的皮下脂肪，熬炼贵重的鲸脂，一直干到深夜，人们才疲惫不堪地去休息。

第二天一早，水手们继续肢解巨鲸。他们用滑轮把鲸胃吊起来，刚刚打算剖开，突然发现胃里面有样东西微微动了一下。会是什么怪物呢？水手们迫不及待地想知道究竟，赶紧割开胃壁，顿时，所有的人都一起发出吃惊的尖叫声。原来，他们在鲸胃中看到的并不是怪物，也不是鲨鱼和章鱼，而是他们的伙伴杰姆·巴特立。

巴特立身体蜷曲，像一只大虾，浑身湿透，不省人事，最使人惊讶的是，他居然还活着！

这真是奇迹！目睹这一奇迹，所有船员都激动得泪水直流。为了使巴特立苏醒过来，水手们用传统的急救方法进行抢救，把他全身浸入冰冷的海水中，大约过了几分钟，巴特立渐渐苏醒，但神志仍然不清。大家小心翼翼地把他抬进船长室，让他躺在床上，从船长、大副直到水手、炊事员，人人都以最真诚的情意，来对待这位从死神手里逃脱的兄弟。在精心周到的护理下，整整过了2个星期，巴特立才从昏迷中渐渐醒来。

刚刚清醒的巴特立吃惊地发现，自己竟躺在平时连门都不敢进的船长室里。船长和船员们的真诚关怀，使他深受感动。现在，他所要做的主要事情，就是回忆在鲸腹中度过的那段可怕时光。

巴特立清楚地记得，在翻船落水的那一刻，四周海浪翻滚，发出一种可怕的轰鸣。他觉得这是鲸尾拍水面发生的声音。巴特立正在尽力与汹涌的海水搏斗，忽然眼前一黑，好像被一个黑暗的大口袋包裹起来，觉得自己进入一根粘滑的管道中，不由自主地沿管道向前滑动。这种感觉持续了一段时间，他又觉得周围变得宽敞起来。他伸手摸摸四周的"墙壁"，这种"墙壁"粘滑、柔软、坚韧。用不了多久，巴特立就意识到自己已隐入巨鲸腹中。他感到一切都完了，禁不住浑身战栗，幸好呼吸还不困难，只是周围酷热难当，令人难以忍受。这种热不像烈日暴晒，而是一种包围全身的热，仿佛要蒸干他的躯体，吸走他的全部气力。

随着时间的推移，巴特立变得越来越虚弱。看来生还已非常渺茫，他的心情万分沮丧。他尽量使自己平静地迎接死神到来。无休无止的黑暗，难熬的酷热，特别是可怕的寂静，使他的精神完全崩溃了。不久，他就完全失去知觉，直到在船长室里醒来。

巴特立的奇迹般经历轰动了整个欧洲，但很多人充满疑问，鲸胃中充满消化液，哪来氧气供人呼吸？抹香鲸是凶猛的肉食性鲸类，口腔里有利齿，巴特立为什么不被咬伤？

对于这些问题，法国著名博物学权威维叶特解释说，抹香鲸虽然有利齿，但主要是用来撕裂章鱼，在吃鱼时，它习惯于囫囵吞下。当抹香鲸被激怒时，很可能疯狂地把落海人吞进肚里去，因此巴特立身上没有齿痕。另外，鲸在饱食以后，消化液充满胃部，但在饥饿时，胃里会出现一些空间，从消化道吞进胃里的少量空气，才使巴特立"苟延残喘"。

让熔岩改道

1983年3月初，在西西里岛的东北部，欧洲最高的活火山——埃特纳火山，又一次开始"蠢蠢欲动"了。从3月1日到3月27日，地震仪在火山周围测出200多次地动现象。3月28日上午9时，火山上空频频发生闪电，一朵朵黑色的浓云，从火山口中央升起，接着，一声震耳欲聋的爆炸，火山口南侧裂出700米的大裂缝，火红的熔岩洪流，带着"嘶嘶"的吼叫声从裂缝中倾泻而出。

一开始，只有一条3米宽的熔岩小溪，但随着地下炽热岩浆的不断涌出，每天的喷射量竟达100万立方米，小溪变成了河流，奔腾不息。熔岩"火龙"以每秒钟2米的速度流泻下山，并逐渐扩展到1千米的宽度，吞噬着挡道的一切物体，它像一只可怕的觅食大章鱼，朝四周伸出无数只"触脚"。

4月中旬，奔腾到平地上的熔岩"火龙"，已向前推进了十多千米，并且还在快速日夜兼程扩散，沿途之中，它那张摧毁一切的滚烫"大口"，吞下了所有的房屋、道路、果园和树林，发出一种锉金属似的"吱吱"声以及树木烧枯时产生的"嘶嘶"声。当热流所向披靡、滚滚向前时，附近数百平方千米以内的鸟兽早已闻风而逃，熔岩流过之处，一切生命都不会再出现了。

4月底，熔岩已盖没了200公顷农田，热流还在横冲直撞，它的"前沿部队"离拉格纳村、尼柯洛西村和贝帕索村已经很近，眼看就要将它们淹没在滚滚的热流之中。

为了拯救这三座危在旦夕的村庄，最好的办法是使火山熔岩改变流动方向。以前，人类曾进行过多次尝试，但结果都失败了。唯一的一次例外是在1973年，冰岛的一座活火山大爆发，用几百万吨海水浇在熔岩上，冷凝了熔岩表面，迫使岩浆改道。可是埃特纳火山高达2300米，要想把大量海水抽到这么高的地方是不可能的事。

看来，驯服埃特纳火山必须另想办法。

随着火山熔岩越来越逼近村庄，人们请来了最著名的火山专家巴伯里和维拉里，这两位意大利专家经过冥思苦想，设计出一个宏伟的计划。这个计划规模巨大，首先在离火山口约400米的地方，挖一道类似雪橇道的狭槽，然后再从狭槽循山坡而上挖一条沟，直达巨岩，再将炸药埋在巨岩中炸开缺口，这样，熔岩就能沿着新沟流向山的另一边去。除此以外，在离3个村庄2000米外，还得建筑一道长500米、厚40米的长堤，用来抵挡剩下一部分没改道的熔岩。

这项工程不但耗资巨大，而且还得动员200名意志顽强、富有献身精神的人来参加工作。最重要的是，如果要完成整个工程，还面临一个难以克服的障碍，那就是如何在岩壁上炸开缺口。因为炸药装在离熔岩很近的地方，普通炸药在85℃的温度下就会爆炸，而那里的温度则高达1000℃左右。

两位火山专家在无奈之下，想到了大名鼎鼎的瑞典爆破专家艾伯斯顿。他在著名的诺贝尔公司工作，有一次，为了拆除意大利一座古教堂旁的建筑，他在离教堂5米远的地方引爆了几百克炸药，而教堂的彩色玻璃却丝毫未损。

可是，艾伯斯顿从没和火山打过交道。他考察了埃特纳火山喷发的实况后说，这是他生平所遇的最艰巨任务之一，不过他愿意冒险一试。

5月2日，艾伯斯顿率领6名专家，穿上特制的耐火衣，来到熔岩流动区域。他先在岩壁上钻了个试验孔，塞进一小包炸药，但还不到1分钟，炸药就自动爆炸了，因为岩壁的温度太高，足有900多摄氏度。怎么办？艾伯斯顿并不惊慌，因为他还有两手"绝招"，一是用遥控气压枪把炸药推进到炸药管里，这些炸药管可预先深埋在巨岩表面；同时再用大量冷水喷射，使炸药管周围降温。

经过一星期的努力，专家小组在巨岩表面凿了4排洞孔。这项工作十分艰巨，因为碳化钨钢钻头在高温下像牛皮糖那样软化了，装进凿洞里的金属管，也因为高热而变了形。这一连串意外的困难，严重影响了工作进程，原来计划引爆的55个管子，不少遭到严重损坏，只剩下38个可以使用。如果再延迟引爆，情况会变得更糟。

艾伯斯顿决定在第二天凌晨，气温最低的时候进行引爆。当天下午4点钟，300多名新闻记者、大批政府官员和社会名人，云集在离火山500米远的一个小山上，他们都想亲眼目睹人类史上第一次人工改道熔岩的壮举。

艾伯斯顿和他的助手们，一次又一次仔细检查了每一个环节。当他们开始把炸药装进金属管时，已经是第二天凌晨两点半了。

一切安排就绪，可艾伯斯顿最后又去检查了一下引爆电路，发现有5根金属管，虽然经过冷水的冷却，但还是因为温度太高而损坏了。他和助手一起动手，把已经装进去的炸药拉出来，其中有一根管子正在冒烟，情况真是危险万分。

凌晨4点零3分，艾伯斯顿决定撤退。他们退到离火山喷发口150米的一个地下掩护所中。

专家小组成员的眼睛，都盯在引爆员费亚奇的身上。只见费亚奇接通了电源，并按下引爆器的按钮。巨岩内的33个炸药包，总共有400千克，在1/10秒钟之内相继爆炸。顿时，岩壁发出了像闷雷般的轰隆声，千万朵火花和一道红黑夹杂的浓烟冲霄而起，把火红的天空点染得光彩夺目。随着巨大的爆炸声，无数块碎岩石像冰雹般地打在掩护所顶上。30秒钟后，一条红色的溪流在新通道的边缘出现，它滚滚向前，不久就扩大成一道浩浩荡荡的熔岩洪流，引爆终于成功了。

挤在地下掩护所里的6个人高兴地跳了起来。他们激动地互相拥抱，热泪盈眶。500米外的新闻记者和政府官员，也纷纷从洞中走出来，为人类史上第一次火山改道成功而欢呼雀跃。

由于损坏了一部分金属管，爆炸并没有像原计划那样猛烈。改道而行的熔岩，仅占总熔岩的1/3，但后面还有一道事先筑好的坚固长堤，3个村庄得到了挽救。直到8月6日，埃特纳火山喷发才完全停止，喷出的熔岩流也渐渐冷却凝固。

全世界的火山学者一致认为，迫使埃特纳火山熔岩改道的斗争，是一次最艰巨的努力，也是一次最成功的壮举。它说明，人类完全战胜火山的日子已经为期不远了。

与雷电交往的人

  1984年8月的一个早晨，在美国新墨西哥州境内的迈达伦山，几名科学家攀登上3200米的山，准备进行一次惊心动魄的实验。这项实验的惊验程度，不亚于任何探险经历。

  上午9点钟，蓝蓝的天空飘来大堆白云，形成一顶巨大的"帽子"，停滞在山峰东北坡上空，越聚越厚，如同刚从火山口喷出的烟雾。太阳光照射在山坡上，激起阵阵水气扶摇直上，融入到空中的白云层中。

  随着时间的流逝，天空中白云的底部渐渐变得黑暗，朝着山顶的临时实验室直压而下，给人一种"黑云压顶城欲摧"的感觉。"轰隆、轰隆"的低沉雷鸣声，由远而近不时传来，它预示着一场雷雨即将倾泻而下。

  实验室里，科学家们正在紧张地工作着。他们早已在山顶架起了一条2.7千米长的高压电缆，电缆跨过深深的峡谷，通过对面的山头。实验室的柴油机在高速运转，产生出12.5万伏的高压电流，输送到电缆上去。同时，蛛网般的雷达天线指向天空，各种记录仪器全部开动了。他们在干什么？临时实验室的负责人，美国朗姆大气研究所所长、63岁的摩尔博士和他的助手们，仰望着黑沉沉的天空，仿佛在期待着某位天空客人的到来。

  "哗啦！"一道耀眼的闪光照亮天际，直落山顶。高压电缆上发出"霹霹啪啪"的爆裂声，随着闪电的一亮而没，紧接着又响起一连串震耳欲聋的惊雷声。双眼紧盯住显示仪的摩尔博士看到，这一雷电的能量相当于一吨炸药同时爆炸。

　　狂风猛烈地摇撼着山顶的临时实验室，接二连三的闪电不时在头顶上闪亮，并伴随着轰鸣不停的雷声，这的确是一个令人恐怖的时刻。面对着如此险恶的环境，摩尔博士好像接到了一份加急命令，以最快的速度，带着助手奋不顾身地冲出实验室，朝高压电缆处跑去。在电闪雷鸣中，他们艰难地沿着峡谷向下攀爬，冒着生命的危险，去观察安装在那儿的仪表的读数。

　　这个惊险的实验，研究对象就是雷电。众所周知，雷电已成为人类面临的一大自然灾害，它经常引起可怕的火灾，造成生命财产的巨大损失。但雷电是怎样产生的？人类如何控制雷电？迄今仍然是个谜。正是为了解开这个谜团，摩尔博士才选择迈达伦山顶作为研究雷电的地点。因为那儿是美国雷电发生最频繁的地区，而且能直接观察雷电的孕育发生过程。他们在山顶建起临时实验室，安装好各种观测器材，并放出探空气球，不时带着仪器升上天空，到云层中进行观测。勇敢的飞行员，如同最富有冒险精神的探险家，驾驶着特制飞机，环绕云层飞行，甚至大胆地闯进旋转气流的中心，去收集第一手气象资料。

　　经过将近一个月的研究，取得了不少成果。他们得到了雷电在形成过程中的许多重要资料，已能够对雷电可能发生的方向进行预测，并能实现准确的雷电预报。

与鲨共舞的女郎

尤金妮是一位鱼类学家。当她还在以色列埃拉特的希伯莱大学海洋实验室工作时，就决心对摩西鳎鱼身上的毒素进行深入的研究。早在1871年就有一位科学家报道过这种有毒物质，但后来并没有人继续对此进行研究。

能不能利用这种有毒物质来制造防鲨剂呢？这可是一个引人入胜的想法。因为到目前为止，人们发明的一切避鲨鱼的方法并不总是有效的。沿着海滨施放一串串气泡，人在水中穿来穿去，好像觉得很舒服似的，但只能暂时起一点烟幕作用，根本挡不住那些饿极了的鲨鱼。舰船上的救生艇和海军飞机有时装备有塑料袋，大得足以装下一个人，一旦落水，遇难者可以吹起袋口的气圈，然后钻进管状的袋里。鲨鱼闻不到袋中人的气味，也看不见踢动的人腿或伤口流出的血，也就不会袭击遇难者了。

尤金妮想，如果有一种类似防蚊剂的物质，涂抹在身上就能防鲨，那是最理想不过了。

后来尤金妮不得不离开埃拉特实验室，搞了多年别的工作。直到1974年她才得以重新搜集起摩西鳎，继续进行防鲨剂的试验，以观察自由生活的鲨鱼对活的摩西鳎反应如何。

尤金妮从小就向往成为一名鱼类学家，她幼年丧父，随母亲住在纽约。每当星期六母亲不得不外出工作时，她便跑到曼哈顿顶端的巴特里公园陈旧的水族馆去。她看着五颜六色的鱼类和举止庄重的海龟时，就觉得时间流逝得太快。

不久，她自己也养起了红鳉和剑尾鱼，并成了昆斯县水族馆协会最年轻的会员。她学会了对自己养的鱼及它们的学名作认真的记录。

1947年，美国政府的鱼类和野生生物署为开辟新渔场打算在菲律宾群岛地区进行一次调查。他们需要一名既懂鱼又懂化学的人。尤金妮对此再合适不过。她提出申请并被录用。

"对女科学家来说，从事野外工作真是困难重重，"尤金妮说道，"但是我有一点比男人强得多。与我地位相同的男人一般都要养家，因此不能自由自在地旅行。我爱上哪儿便上哪儿，爱干什么便干什么。"

尤金妮到过许多地方。她在加利福尼亚的斯克里普斯研究所学习时学会了潜水。这个本领在太平洋的密克罗尼西亚群岛可大有用武之地，她在那里采集鲀颌类鱼来进行研究。这些体型很小的鱼类，包括鳞鲀、虫蚊东方鲀、绿鳍马面鲀和粒突箱鲀等，大多生活在热带水域的珊瑚礁附近。

她因此获得了一项奖学金，有机会前往红海。在那里，她采集到一种花园鳗，这种鱼又长又光滑，以微小的海洋生物为食，并会随海流缓缓游动。

1955年，她高兴地应邀到佛罗里达州去创建一个海洋实验室。她的丈夫正要开办一个诊疗所，他也认为佛罗里达会是一片理想的地方。于是，他们带着两个孩子搬到佛罗里达州海岸。

尤金妮当上了烟雾岬海洋实验室主任。起初，实验室只不过是一座小小的木头房子，宽不到4米，长不过7米，安装在滑行板上，这样，如果发现选址不理想，就可移到别处去。那里还有一个码头和一条采鱼船。尤金妮决定首先收集和鉴定当地的所有鱼类。

到达的第二天，她就接到一位医生的电话，他需要鲨的肝脏用来研究癌症。她同驾船的人研究之后，还等不及实验室物品开箱，就开始了捕鲨工作。

世界上大约有250种鲨鱼，体型最小的是用作生物实验材料的鱼鲨，约长60厘米；最大的是20多米长的巨型鲸鲨，它以浮游生物为食，性情十分温和，潜水者可以抓住它乘骑一会儿。

在佛罗里达州西部沿海发现过18种鲨鱼，尤金妮和她的助手开始收集了几种。当她在码头上解剖捕到的双髻鲨、斑猫鲨、短吻基齿鲨、锥齿鲨时，她的孩子、邻居和一些学者的孩子们便在一旁观看。她有时让他们帮帮忙——量鲨鱼的肠子，洗净鲨鱼的胃，或者在解剖结束后冲洗码头。有些鲨鱼被连成串拖回来时仍然活着。

尤金妮希望对活鲨鱼有更多的了解，就像对被解剖的鲨鱼器官了解得那么清楚。于是她紧挨着码头旁边用栅栏建起一个长23米宽×13米的围栏，用来存放活鲨鱼。

最先来这里定居的是一条名叫哈兹尔的虎鲨和一条名叫罗西的带红色的大斑猫鲨。于是引来了许多麻烦，吵吵闹闹的参观者整天在这儿泡着，他们不顾标志牌的警告和围拦的阻挡，从四面挑逗、戏弄这些鲨鱼。

尤金妮担心人和鲨鱼会两败俱伤。果然，有几条鲨鱼终于被那些不请自来的家伙弄死了。她便向当地的群众，尤其是学生们宣讲，解释鲨鱼的食性和习性。一旦人们了解了一种动物，就不那么怕它了。很快，报纸便送给她一个"鲨鱼女郎"的头衔。这个头衔一直伴随着她，尽管她并不是单单研究鲨鱼的。

不久，尤金妮开始对鲨鱼的生活方式发生了兴趣。她喜欢日复一日地观察活鳖鱼，以了解它们各自的个性。

她设计了一项试验，让鲨鱼去撞一个靶子，撞上了，就赏给它们东西吃。一位科学家提醒她："别泄气，这也许要用几个月的时间。"但他没有说对。鲨鱼模仿得很快。两条短吻基齿鲨很快就学会去撞一个无实惠的靶子，以此来讨东西吃。这以后尤金妮又设计了一系列更复杂的试验。

她训练鲨鱼先撞一下靶子，再游到二十多米长的围栏尽头，接住投下的食物。通常雌鲨总是畏缩不前，等着雄鲨先去。但它们很快就学会趁雄鲨没来得及离开靶子的时候，就抢先去投食区夺取雄鲨应得的奖赏。

到了冬季，鲨鱼对食物不感兴趣，尤金妮便停止试验。但她发现，春季训练再开始的时候，鲨鱼都还记得原先学到的一切。于是她继续进行更为复杂的训练。

她使用了大小、外形和作用各不相同的靶子。她发现鲨鱼也和其他动物一样，尽管属于同一类，但其个体之间却有着千差万别，有的聪明，有的则笨一些。

她听说有一种"睡鲨"，潜泳者可以径直游到它们的身边去，便决意对这种鲨鱼作更多的了解。她带着女儿阿娅和几名助手前往靠近墨西哥尤卡坦半岛顶端的美丽的穆赫雷斯岛。在那温暖、清亮的水下洞穴中，她找到了那种巨大强健、以嗜食人肉而恶名远扬的真鲨科鱼类。它们伏在洞底，昏昏沉沉，虽然还瞪眼看着游过来的潜水员。

尤金妮和助手们测定了洞穴中的水深和水温，还将颜料投入水中，根据颜料飘逸的方向画出水流图，他们取了水样和岩石标本以进行化学分析。他们注意到这些鲨鱼看起来要比当地渔民捕到的鲨鱼干净得多。洞穴中的鲨鱼身上没有寄生虫，这跟大多数鲨鱼不一样。

他们观察到小小的鱼印鱼——鲨鱼的"忠实管家"——在静卧着的鲨鱼的眼睛和嘴巴周围忙碌着，甚至钻到它们的鳃里去。鱼印的背鳍已演变成为头顶上的一个吸盘。所以它能附着在鲨鱼、海龟、鲸甚至船舶上当个免费的乘客。

鲫鱼吃寄主丢下的食物碎片，在洞穴中，它们孜孜不倦地工作。难道这些"睡"鲨聚集到洞穴中是为了保健治疗吗？这些洞穴难道是清洁站吗？

尤金妮发现，有淡水渗入洞穴，冲淡了里面的海水，因此，洞穴里的水，含盐量要比外边的海水低。她记得小时候曾把咸水鱼放进淡水里，不一会儿鱼身上的寄生虫就会脱落。也许这种情形也会在鲨鱼身上发生。也许这些体长达6米的虎鲨和礁鲨真的懂这个道理，会跑到洞穴中来舒服一下吗？

尤金妮曾在佛罗里达州的实验室里，用喂食的办法教会了鲨鱼摇铃、撞靶子。还教会它们辨别该撞哪个靶子，而不该撞哪个。她认为："它们肯定知道，在含盐量低于正常的水里，讨厌的寄生虫在它们身上便粘不住了。海水含盐量的降低，它们显然能感觉出来。"

也可能鲨鱼并不知道那里的水含盐少。但是它可能感觉到在那儿比较舒服，所以到那儿去。在墨西哥附近已知有3个这样的洞穴。最近有报告说日本周围有一些水下洞穴，里面聚满了鲨鱼。于是潜水员蜂拥而至，到洞里成百成百地捕捉鲨鱼以供食用，以致当尤金妮赶到日本进行观察时，鲨鱼已经发现"清洁站"不是个安全的地方了。后来在日本附近又发现了另一个洞穴，为了保护那里的鲨鱼，这次尤金妮和其他科学家对其地点守口如瓶。

当人们问及她的科学家生涯时，她说："作为一个女科学家，既有一些有利之处，也有一些不利之处。于是无所谓利，也无所谓弊。开始建立自己的形象，总要费些时间。但是当你后来有所成就，你得到的声誉就会比男人多。比方说，我是一名潜水员，如果我潜入一个洞穴跟鲨鱼待在一起，引起的惊异就会比男人多得多。"

尤金妮走到哪儿，"鲨鱼女郎"的名声就跟到哪儿。不管她从事的工作是什么。人们总是把她想象为手执长矛的捕鲨勇士。

尤金妮·克拉克对自己的工作虽然十分热爱，但她的防鲨剂还没有研制成功。"当然，"她说，"如果我的研究对人类确有一些实用价值，确实能给人类带来什么好处，这会使我对自己的工作更加喜爱和满意。"

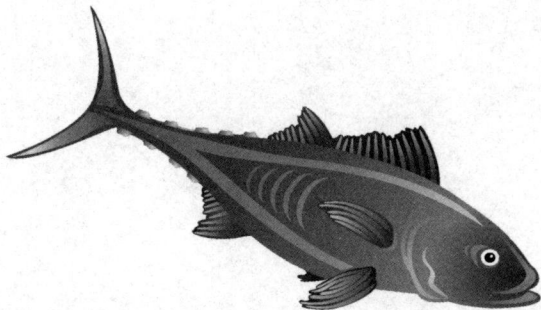

参 考 书 目

《科学家谈二十一世纪》，上海少年儿童出版社，1959年版。

《论地震》，地质出版社，1977年版。

《地球的故事》，上海教育出版社，1982年版。

《博物记趣》，学林出版社，1985年版。

《植物之谜》，文汇出版社，1988年版。

《气候探奇》，上海教育出版社，1989年版。

《亚洲腹地探险11年》，新疆人民出版社，1992年版。

《中国名湖》，文汇出版社，1993年版。

《大自然情思》，海峡文艺出版社，1994年版。

《自然美景随笔》，湖北人民出版社，1994年版。

《世界名水》，长春出版社，1995年版。

《名家笔下的草木虫鱼》，中国国际广播出版社，1995年版。

《名家笔下的风花雪月》，中国国际广播出版社，1995年版。

《中国的自然保护区》，商务印书馆，1995年版。

《沙埋和阗废墟记》，新疆美术摄影出版社，1994年版。

《SOS——地球在呼喊》，中国华侨出版社，1995年版。

《中国的海洋》，商务印书馆，1995年版。

《动物趣话》，东方出版中心，1996年版。

《生态智慧论》，中国社会科学出版社，1996年版。

《万物和谐地球村》，上海科学普及出版社，1996年版。

《濒临失衡的地球》，中央编译出版社，1997年版。

《环境的思想》，中央编译出版社，1997年版。

《绿色经典文库》，吉林人民出版社，1997年版。

《诊断地球》，花城出版社，1997年版。

《罗布泊探秘》，新疆人民出版社，1997年版。

《生态与农业》，浙江教育出版社，1997年版。

《地球的昨天》，海燕出版社，1997年版。

《未来的生存空间》，上海三联书店，1998年版。

《宇宙波澜》，三联书店，1998年版。

《剑桥文丛》，江苏人民出版社，1998年版。

《穿过地平线》，百花文艺出版社，1998年版。

《看风云舒卷》，百花文艺出版社，1998年版。

《达尔文环球旅行记》，黑龙江人民出版社，1998年版。